INDUSTRIAL DESIGN



设计“一本通”丛书

# 工业设计

陈根 编著

電子工業出版社
Publishing House of Electronics Industry
北京 • BEIJING

## 内容简介

本书紧扣工业设计的热点、难点与重点，涵盖了广义工业设计所包括的设计概念及设计思潮、工业设计流程、设计调研、人机交互与人体工程学、设计心理学、设计表达、设计组织与设计管理、设计营销、设计热点，共 9 章。

本书全面介绍了工业设计的多个重要流程，在许多方面提出了创新性的观点，可以帮助从业人员更深刻地了解工业设计；帮助产品设计及制造业企业确定研发目标和方向，升级产业结构，提升创新能力和竞争力；指导和帮助从业者提升专业技能。另外，本书从实际出发，通过列举众多案例对理论进行了解析。因此，本书可作为产品设计、工业设计、设计管理、设计营销等专业的教材和参考书。



**图书在版编目（CIP）数据**

工业设计 / 陈根编著. —北京：电子工业出版社，2021.12
（设计“一本通”丛书）
ISBN 978-7-121-42123-5

I. ①工… II. ①陈… III. ①工业设计—研究 IV. ① TB47

中国版本图书馆CIP数据核字（2021）第198499 号

责任编辑：秦　聪
印　　刷：河北迅捷佳彩印刷有限公司
装　　订：河北迅捷佳彩印刷有限公司
出版发行：电子工业出版社
　　　　　北京市海淀区万寿路173信箱　邮编：100036
开　　本：720×1000　1/16　印张：17.25　字数：331.2 千字
版　　次：2021 年12 月第1 版
印　　次：2021 年12 月第1 次印刷
定　　价：98.00 元

凡所购买电子工业出版社图书有缺损问题，请向购买书店调换。若书店售缺，请与本社发行部联系，联系及邮购电话：(010) 88254888，88258888。
质量投诉请发邮件至 zlts@phei.com.cn，盗版侵权举报请发邮件至 dbqq@phei.com.cn。
本书咨询联系方式：(010) 88254568，qincong@phei.com.cn。

PREFACE # 前言

设计是什么呢？人们常常把“设计”一词挂在嘴边，如那套房子装修得不错、这个网站的设计很有趣、那把椅子的设计真好、那栋建筑好另类……即使不懂设计，人们也喜欢说这个词。2017年，世界设计组织（World Design Organization，WDO）对设计赋予了新的定义：设计是驱动创新、成就商业成功的战略性解决问题的过程，通过创新性的产品、系统、服务和体验创造更美好的生活品质。

设计是一个跨学科的专业，它将创新、技术、商业、研究及消费者紧密联系在一起，共同进行创造性活动，并将需解决的问题、提出的解决方案进行可视化，重新解构问题，将其作为研发更好的产品和建立更好的系统、服务、体验或商业机会，提供新的价值和竞争优势。设计通过其输出物对社会、经济、环境及伦理问题的回应，帮助人类创造一个更好的世界。

由此可以理解，设计体现了人与物的关系。设计是人类本能的体现，是人类审美意识的驱动，是人类进步与科技发展的产物，是人类生活质量的保证，是人类文明进步的标志。

设计的本质在于创新，创新则不可缺少“工匠精神”。本丛书得“供给侧结构性改革”与“工匠精神”这一对时代“热搜词”的启发，洞悉该背景下诸多设计领域新的价值主张，立足创新思维；紧扣当今各设计学科的热点、难点和重点，构思缜密、完整，精选了很多与设计理论紧密相关的案例，可读性高，具有较强的指导作用和参考价值。

工业设计是以工业产品为主要对象，综合运用科技成果及社会、经济、文化、美学等知识，对产品的功能、结构、形态及包装等进行整合优化的集成创新活动。作为面向工业生产的现代服务业，工业设计产业以功能设计、结构设计、形态及包装设计等为主要内容。与传统产业相比，工业设计产业具有知识密集、物质资源消耗少、成长潜力大、综合效益好等特征。作为典型的集成创新形式，与技术创新相比，工业设计具有投入小、周期短、回报高、风险小等优势。如今，“供给侧改革”在国内如火如荼地进行，消费者需求也在不断提升，对产品的价值追求成为制造业价值链中最具增值潜力的重要环节，工业设计对于提升产品附加值、增强企业核心竞争力、促进产业结构升级等方面具有重要作用。

本书紧扣工业设计的热点、难点与重点，涵盖了广义工业设计所包括的设计概念及设计思潮、工业设计流程、设计调研、人机交互与人体工程学、设计心理学、设计表达、设计组织与设计管理、设计营销、设计热点，共9章。

本书全面介绍了工业设计的多个重要流程，在许多方面提出了创新性的观点，可以帮助从业人员更深刻地了解工业设计；帮助产品设计及制造业企业确定研发目标和方向，升级产业结构，提升创新能力和竞争力；指导和帮助从业者提升专业技能。另外，本书从实际出发，通过列举众多案例对理论进行了解析。因此，本书可作为产品设计、工业设计、设计管理、设计营销等专业的教材和参考书。

由于编著者水平及时间所限，本书中的案例及图片无法一一核实，如有不妥之处请联系出版社，再次印刷时改正，敬请广大读者及专家批评指正。

编著者

CATALOG 目录

# 第1章

# 设计概念及设计思潮

## 1.1 人人熟悉的“设计”究竟是什么

设计，就是对各种“物品”的创造，思考如何解决问题，什么样才叫美，提出计划、规划，然后以视觉方式表现出“物品”的形状。美妙的设计可以丰富人生。

2015年10月，国际工业设计协会（ICSID）在韩国召开第29届年度代表大会，沿用近60年的“国际工业设计协会”正式改名为“世界设计组织”（World Design Organization，WDO），会上还发布了（工业）设计的最新定义：（工业）设计旨在引导创新、促发商业成功及提供更高质量的生活，是一种将策略性解决问题的过程应用于产品、系统、服务及体验的设计活动。设计是一种跨学科的专业，将创新、技术、商业、研究及消费者紧密地联系在一起，共同进行创造性活动，并将需要解决的问题、提出的解决方案可视化，重新解构问题，将其作为建立更好的产品、系统、服务、体验或商业网络的机会，提供新的价值和竞争优势。（工业）设计通过其输出物对社会、经济、环境及伦理方面问题的回应，帮助人类创造一个更好的世界。

设计是科学还是艺术，这是一个有争议的话题，因为设计既是科

（工业）设计是什么

（工业）设计旨在引导创新、促发商业成功及提供更好质量的生活，是一种将策略性解决问题的过程应用于产品、系统、服务及体验的设计活动。它是一种跨学科的专业，将创新、技术、商业、研究及消费者紧密地联系在一起，共同进行创造性活动、并将需要解决的问题、提出的解决方案可视化，重新解构问题，将其作为建立更好的产品、系统、服务、体验或商业网络的机会，提供新的价值和竞争优势。（工业）设计通过其输出物对社会、经济、环境及伦理方面问题的回应，帮助人类创造一个更好的世界。

学又是艺术，设计技术结合了科学方法的逻辑特征与创造活动的直觉和艺术特性。设计在艺术与科学之间架起了一座桥梁，设计师把这两个领域互补的特征看成是设计的基本原则。设计是一项解决问题的活动，具有创造性、系统性及协调性。

正如法国设计师罗格·塔伦（Roger Tallon）所说，设计致力于思考和寻找系统的连续性和产品的合理性。设计师根据逻辑的过程构想符号、空间或人造物，来满足某些特定需求。每一个摆到设计师面前的问题都受到技术制约，并与人机学、生产和市场方面的因素进行综合，以取得平衡。设计与管理类似，因为都是解决问题的活动，遵循着一个系统的、逻辑的、有序的过程。如表 1.1-1 所示为设计的定义及特征。

## 1.2　多元化的设计形态

如今，随着科学技术的不断进步，设计随着现代工业的发展和社会精神文明的提高，在人类文化、艺术及新生活方式的需求下发展起来。它是一门集科学与美学、技术与艺术、物质文明与精神文明、自然科学与社会科学相结合的边缘学科。

设计是一个相当多元化的领域，是技术的化身，同时也是美学的表现和文化的象征。设计行为是一种知识的转换、理性的思考、创新

随着人类生活形态的演进，设计领域的体验渐趋多元化，然其目标却是相同的，就是提供给人类既舒适又有质量的生活。

表 1.1-1　设计的定义及特征

| 设计的定义 | 关键词 | 特征 |
|---|---|---|
| “设计是一项制造可视、可触、可听等东西的计划。”<br>——彼得 · 高博（Peter Gorb） | 计划制造 | 解决问题 |
| “美学是在工业生产领域中关于美的科学。”<br>——丹尼斯 · 于斯曼（Denis Huisman） | 工业生产美学 | 创造 |
| “设计是一个过程，它使环境的需要概念化并转变为满足这些需要的手段。”<br>——A. 托帕利安 (A.Topalian） | 需求的转化过程 | 系统化 |
| “设计师永不孤立，永不单独工作，因而他永远只是团体的一部分。”<br>——T. 马尔多纳多（T. Maldonado） | 团队工作 | 协调 |
| “明日的市场，消费性的商品会越来越少，取而代之的将是智慧型的，且具有道德意识，即尊重自然环境与人类生活的实用商品。”<br>——菲利普 · 斯塔克（P. Stark） | 语义学文化 | 文化贡献 |

的理念及感性的整合。设计行为所涵盖的范围相当广泛，举凡与人类生活及环境相关的事物，都在设计行为所要发展与改进的范围内。在20 世纪 90 年代以前，一般在学术界将设计的领域归纳为三大范围：产品设计、视觉设计与空间设计。这是依设计内容所产生的平面、立体与空间元素之综合性分类描述。但到了 20 世纪 90 年代，由于电子与数字媒体技术的进步与广泛应用，设计领域自然而然地产生了数字媒体领域，使得在原有的平面、立体和空间三个元素之外，多出了一个四维空间之时间性视觉感受表现元素。这四个设计领域各有其专业的内容、呈现的样式与制作的方法。

随着人类生活形态的演进，设计领域的体验渐趋多元化，然而其目标却是相同的，就是给人类提供既舒适又有质量的生活。例如，产品设计就是提供高质量的生活机能，包括家电产品、家具、信息产品、交通工具和流行商品等；视觉设计就是提供不同的视觉效果，包括包装、商标、海报、广告、企业识别和图案设计等；空间设计则可提升人类生活空间与居住环境的质量，包括室内、展示空间、建筑、橱窗、舞台、户外空间设计和公共艺术等。而数字媒体更是跨越了二维及三维空间之外另一个层次的心灵、视觉、触觉与听觉的体验，包括动画、多媒体影片、网页、可穿戴设备、视讯及虚拟现实等内容。

林崇宏在其所著的《设计概论——新设计理念的思考与解析》中指出，设计领域的多元化，在今日应用数字科技所设计的成果中，已超出过去传统设计领域的分类。21 世纪社会文化急速变迁，让设计形态的趋势也随之改变。在新科技技术的过程中，新设计领域的分类必须重新界定，大概分为工商业产品设计（Industrialand Commercial Product Design）、生活形态设计（Lifestyle Design）、商机导向设计（Commercial Strategy Design）和文化创意产业设计（Cultural Creative Industry Design）四大类，如表 1.2-1 所示。

## 1.3　浓墨重彩的工业设计演进史

设计史在设计教育中属于一门理论基础课程，主要启发学生对不同年代的设计风格、设计师理念、设计文化进行深入的了解，借此启发学生对设计哲理、概念的思考方法。所以在设计概论的课程中，应该引出一些设计史学的重要年代、有代表性的设计师思考理念、重要作品、重大事件等，让学生通过设计概论和设计史学建立起设计理念背景。

表 1.2-1　21 世纪新设计领域的分类

| 新设计领域 | 设计的分类 | 设计参与者 |
| --- | --- | --- |
| 工商业产品设计 | 电子产品：家电用品、通信产品、计算机设备、网络设备<br>工业产品：医疗设备、交通工具、机械产品、办公用品<br>生活产品：家具、手工艺品、流行产品<br>族群产品：儿童玩具、银发族用品、残障者用品 | 工业设计师<br>软件设计师<br>电子设计师<br>工程设计师 |
| 生活形态设计 | 休闲场所：咖啡屋、KTV、PUB<br>娱乐形态：网络游戏、购物、交友、电动玩具<br>多媒体商业形态：电子邮件、商业网络、网络学习与咨询、移动通信网络 | 计算机设计师<br>工业设计师<br>平面设计师 |
| 商机导向设计 | 商业策略：品牌建立、形象规划、企划导向<br>商业产品：电影、企业识别、产品发布、多媒体产品<br>休闲商机：主题公园、休闲中心、健康中心 | 管理师<br>平面设计师<br>建筑师 |
| 文化创意产业设计 | 社会文化：公共艺术、生活空间、公园、博物馆、美术馆<br>传统艺术：表演艺术、古籍维护、本土文化、传统工艺<br>环境景观：建筑、购物中心、游乐园、环境绿化 | 艺术家<br>建筑师<br>环境设计师<br>工业设计师 |

以工业革命为开端的工业史的演进，持续了将近一百年之久。19 世纪中叶，英国首先将工业技术机器的制品以展示的方法呈现于世界，于 1851 年在伦敦举行了一场盛大的“水晶宫”博览会，也因此次展览会相当成功，兴起了工业技术和美学结合的观念，引发了设计概念的诞生。因 19 世纪的社会、环境与文化的背景与条件，交通不甚发达，人与人之间的联系并不是相当频繁，人与人的交往是靠商场物资流通与消费作为媒介，信息传达只靠纸张作为媒介。而就当时的工业技术而言，无论是工程师还是设计师，他们所设计出的产物都必须迁就于当时的钢铁材料与制造技术。

随着社会不断演变，设计活动到了 20 世纪已经分工为许多专业的领域，且影响设计形式的发展。其中涉及许多因素，而工业技术的进展是一个主要因素，还有经济市场、社会文化与结构，以及人类生活形态等外在的影响；属于设计本身内在的因素有美学、生态学、人类心理学、文化哲学等。 所以要研究设计史，不仅要探讨历史年代设计活动的演变，也要了解整个社会的发展形态。

20 世纪中叶，一些建筑师和工业设计师（如 Charles Jencks、Donald Norma 、Michael McCoy、Klaus Krippendorff）提出以当代文化、社会观念及人类心理与认知学的概念作为设计研究的理论依据，使设计史的研究范围纳入了人类心理与哲学的概念，许多理论的系统设计方法、方法论与理念，接续应用于设计实务；在设计教学上也开始引入感知理念、人性文化的设计理论。这些设计方法和设计理论都与当代社会的文化与人类的生活形态有相当大的关系。可以说，人类的生活和社会文化的演进就是一部设计史。因此，探讨设计的精要，必须先了解设计演进历史的脉络，有了粗略的认识之后，再探讨各个时代的设计背景、风格的特质与渊源，就可奠定设计理论的认知基础。

设计师想要有扎实的专业背景，就需要深入了解设计史，进而加强设计的概念与理解，对于社会经济、趋势、文化与工业技术的演进也要深入地探讨。例如，在第二次世界大战后的世界经济兴起时期，功能主义的设计引导了整个市场经济 ，当时的工商经济活动（生产、技术与消费）是促进设计发展的最主要因素。因此，现在要研究设计理论，必须洞悉当代经济、文化与科技发展的变化。所以，进行设计史的研究必须对设计历史、理学基础、文化哲学与设计风格做深入分析与探讨。

## 1.3.1 现代设计的发展前奏

### 1. 工业革命

工业革命又称产业革命，指资本主义工业化的早期历程，是以机器生产逐步取代手工劳动，以大规模工厂化生产取代个体手工生产的

工业革命又称产业革命，指资本主义工业化的早期历程，是以机器生产逐步取代手工劳动，以大规模工厂化生产取代个体手工生产的一场生产与科技革命。

一场生产与科技革命，后来又扩大到其他行业。这一演变过程叫作工业革命。

工业革命的标志性事件是在 18 世纪中期，英国的瓦特（James Watt）发明了蒸汽机（见图 1.3–1）。从此，整个世界有了很大的转变，人类开始拥有了钢铁技术和火车运输工具，掀起了一场工业机器的风潮。

◎ 图 1.3–1

瓦特及其发明的蒸汽机

从设计史的角度看，如果没有工业革命就不会有今天所谓的工业设计和现代意义上的设计。正是工业革命完成了由传统手工艺到现代设计的转折，随之而来的工业化、标准化和规范化的批量产品的生产为设计带来了一系列变化，也导致了新的设计思想和设计方式的产生（见图 1.3–2）。

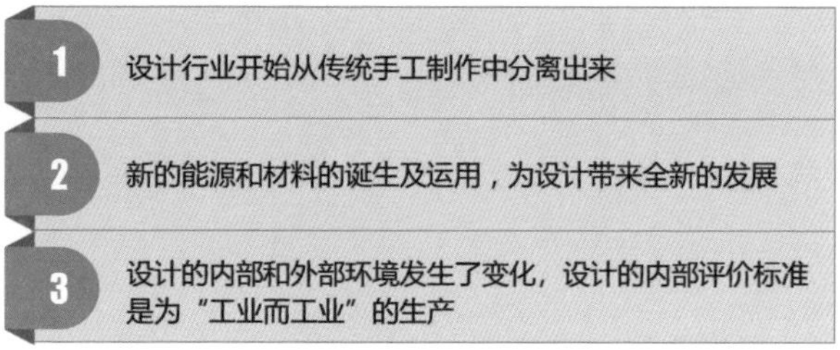

1 设计行业开始从传统手工制作中分离出来

2 新的能源和材料的诞生及运用，为设计带来全新的发展

3 设计的内部和外部环境发生了变化，设计的内部评价标准是为“工业而工业”的生产

◎ 图 1.3–2　工业革命对工业设计的影响

（1）设计行业开始从传统手工制作中分离出来。在传统的劳动过程中，往往由人扮演基本工具的角色，能源、劳力和传送力基本上是由人来完成的，而工业革命则意味着技术带来的发展已经过渡到另一个新阶段，即以机器代替手工劳动，设计行业从而变成了劳动的性

“水晶宫”第一次采用了玻璃和铁架结构，打破了传统建筑的格局，奠定了现代建筑的基础，是一座真正意义上的现代建筑，不仅在技术上是一次创新，在美学上也有重要的转折意义。

质和社会、经济的关系。此时的设计风格被简化为适应机器制造的东西。

（2）新的能源和材料的诞生及运用，为设计带来全新的发展，改变了传统设计材料的构成和结构模式，最突出的变革出现在建筑行业，传统的砖、木、石结构逐渐被钢筋水泥、玻璃构架所代替。

（3）设计的内部和外部环境发生了变化。当标准化、批量化成为生产目的，设计的内部评价标准就不再是“为艺术而艺术”，而是为“工业而工业”的生产。对于设计的外部环境变化，市场的概念应运而生，消费者的需求，对经济利益的追逐，成本的降低，竞争力的提高，设计的受众、要求和目的发生了变化。

### 2. “水晶宫”博览会

1851 年，为了彰显英国工业的先进性，英国伦敦举办了 19 世纪最著名的设计展览。展览场馆是由钢铁和玻璃在公园里搭建而成的，被称作“水晶宫”（见图 1.3-3）。它是由英国园艺家帕克斯顿设计的，第一次采用了玻璃和铁架结构，打破了传统建筑的格局，奠定了现代建筑的基础。“水晶宫”堪称一座真正意义上的现代建筑，不仅在技术上是一次创新，在美学上也有重要的意义。

◎ 图 1.3-3　“水晶宫”博览会

工艺美术运动率先提出了“美与技术结合”的原则，主张美术家从事设计，反对“纯艺术”等。

“水晶宫”博览会对设计理念产生了根本性的影响，各种思想争论对设计界形成强大冲击，终于在 19 世纪下半叶的英国引发了一场工艺美术运动，开创了现代设计运动的先河。

### 3. 工艺美术运动

工艺美术运动是英国 19 世纪后期的一场设计运动。1851 年在伦敦举办的世界上第一次工业产品博览会，由于展出的工业产品粗糙简陋，没有审美趣味，引起设计家的关注，提出了艺术与技术结合、推崇手工艺、反对机械的美学思想，从而导致了这场设计运动。工艺美术运动的主要代表人物是艺术家威廉·莫里斯和理论家约翰·拉斯金。工艺美术运动率先提出了“美与技术结合”的原则，主张美术家从事设计、反对“纯艺术”等，这在设计史上有着相当重要的作用。

#### 1）工艺美术运动的风格特征

工艺美术运动的风格特征如图 1.3-4 所示。

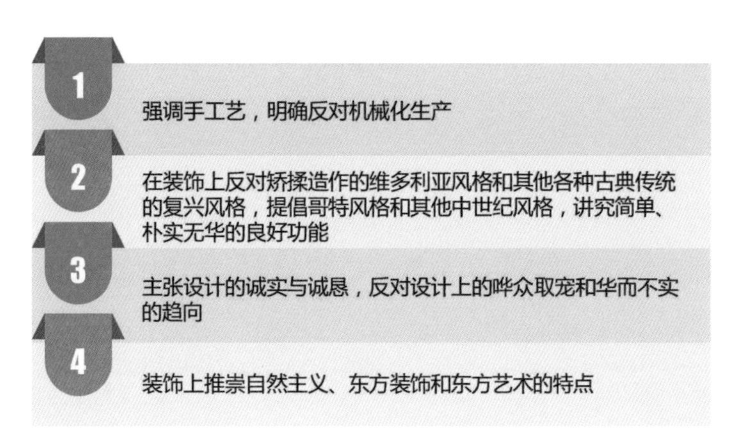


◎ 图 1.3-4　工艺美术运动的风格特征

### 2）工艺美术运动的影响

工艺美术运动在设计史上产生的深刻影响如图 1.3-5 所示。

1. 在英国工艺美术运动的感召下，欧洲大陆终于掀起了一个规模更加宏大、影响范围更加广泛、试验程度更加深刻的“新艺术”运动
2. 给后来的设计家提供了新的设计风格参考，提供了与以往所有设计运动不同的新的尝试典范
3. 英国的工艺美术运动直接影响到美国的工艺美术运动，也对下一代的平面设计家和插图画家产生了一定的影响。从本质上讲，它是通过艺术和设计来改造社会的，并建立起以手工艺为主导的生产模式，无疑是逆时代潮流而动的，并没有解决大机器生产中产品形态与审美标准问题，使英国设计走了弯路

◎ 图 1.3-5　工艺美术运动在设计史上产生的深刻影响

### 3）工艺美术运动的代表人物

约翰·拉斯金和威廉·莫里斯是工艺美术运动的代表人物。

◎ 图 1.3-6
约翰·拉斯金

（1）约翰·拉斯金，英国著名文艺理论家、社会评论家，英国工艺美术运动的倡导者和奠基人（见图 1.3-6）。他对中世纪的社会和艺术非常崇拜，对于“水晶宫”博览会中毫无节制的过度设计甚为反感。但是他将粗制滥造的原因归罪于机械化批量生产，因而竭力指责工业及其产品。他的思想基本上是基于对手工艺文化的怀旧感和对机器的否定，而不是基于大机器生产去认识和改善现有的设计面貌。在反对工业化的同时，约翰·拉斯金为建筑和产品设计提出了若干准则（见图 1.3-7）。

（2）威廉·莫里斯（见图 1.3-8），英国诗人兼文艺家，19 世

纪英国工艺美术运动的重要代表人物，在设计史上有重要地位。1861年，威廉·莫里斯成立莫里斯设计事务所，从事家具、刺绣、地毯、窗帘、金属工艺、壁纸、壁挂等用品的设计。莫里斯设计事务所可以说是现代设计史上第一家由艺术家从事设计、组织产品生产的公司，从而具有里程碑的意义，威廉·莫里斯因此被誉为“现代设计之父”。威廉·莫里斯的设计准则如图 1.3-9 所示，红屋为其代表作品（见图 1.3-10）。

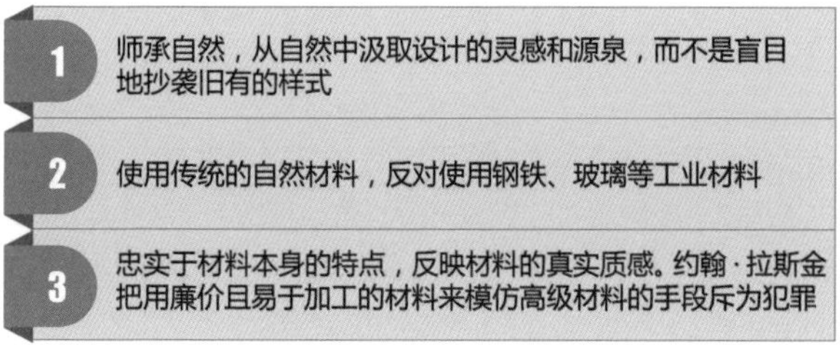

1. 师承自然，从自然中汲取设计的灵感和源泉，而不是盲目地抄袭旧有的样式
2. 使用传统的自然材料，反对使用钢铁、玻璃等工业材料
3. 忠实于材料本身的特点，反映材料的真实质感。约翰·拉斯金把用廉价且易于加工的材料来模仿高级材料的手段斥为犯罪

◎ 图 1.3-7　约翰·拉斯金为建筑和产品设计提出的若干准则

◎ 图 1.3-8　威廉·莫里斯

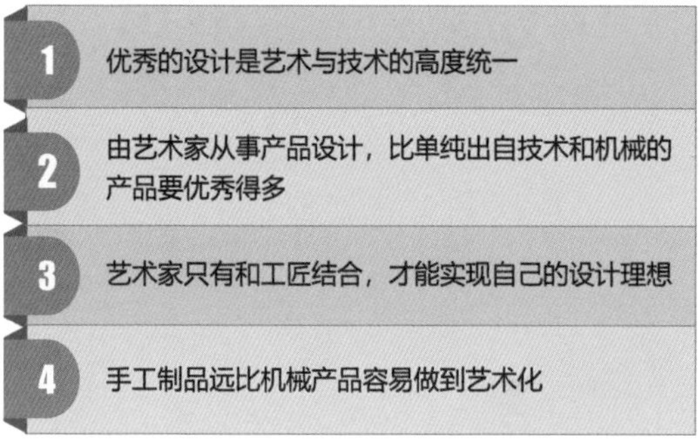

1. 优秀的设计是艺术与技术的高度统一
2. 由艺术家从事产品设计，比单纯出自技术和机械的产品要优秀得多
3. 艺术家只有和工匠结合，才能实现自己的设计理想
4. 手工制品远比机械产品容易做到艺术化

◎ 图 1.3-9　威廉·莫里斯的设计准则

◎ 图 1.3-10　威廉·莫里斯的代表作品——红屋

## 4. 新艺术运动

新艺术运动是一场装饰艺术运动，大约 1895 年从法国开始，到

新艺术运动是一场装饰艺术运动，是传统设计与现代设计之间一个承上启下的重要阶段。

1910 年前后逐步被现代主义运动和“装饰艺术”运动取代，成为传统设计与现代设计之间一个承上启下的重要阶段。这场运动实质上是英国工艺美术运动在欧洲大陆的延续与传播，在思想理论上并没有超越工艺美术运动。新艺术运动主张艺术家从事产品设计，以此实现技术与艺术的统一。

1）新艺术运动的特征

新艺术运动的主要特征如图 1.3-11 所示。

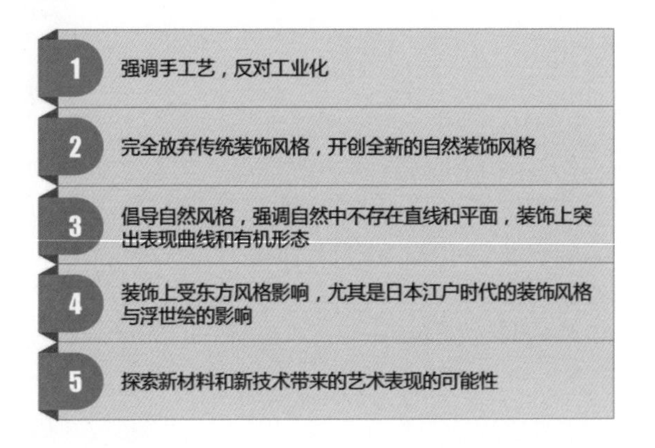


◎ 图 1.3-11　新艺术运动的主要特征

巴黎和小城南锡是法国新艺术运动的主要集中地，其所代表的是曲线式造型方式，但英国的“格拉斯哥四人集团”和“维也纳分离派”的设计样式则是以直线为主的造型方式。各国的新艺术运动在风格上有很大差异，德国称之为“青年风格”，奥地利称之为“维也纳分离派”。但各国在设计上追求创新、探索和开拓新的艺术精神是一致的。准确地说，新艺术运动是一场运动而不是一种风格。

艾米尔·盖勒的设计风格深受东方工艺的影响，在装饰图案样式、木料镶嵌技艺等方面明显带有日本和中国家具工艺的特征。他最早提出产品“形式与功能”之间的关系，认为自然的风格、自然的纹样应该是设计师的灵感之源，设计的装饰主题必须与设计的功能相一致。

### 2）新艺术运动的代表流派

（1）南锡的新艺术运动。法国南部的南锡是 19 世纪法国新艺术运动的一个重要中心地。它以家具设计和制作为主，代表人物是艾米尔·盖勒（Emile Gally，1846—1904 年）。他是一位家具设计师，有着丰富的家具设计和生产经验，致力于把家具设计和生产结合起来。艾米尔·盖勒的设计风格深受东方工艺的影响，在装饰图案样式、木料镶嵌技艺等方面明显带有日本和中国家具工艺的特征。他最早提出产品“形式与功能”之间的关系，认为自然的风格、自然的纹样应该是设计师的灵感之源，设计的装饰主题必须与设计的功能相一致，这在设计史上有极其重要的意义。1901 年，艾米尔·盖勒创建了南锡艺术工业地方联盟学校，培养了一批优秀的设计师。如图 1.3-12 所示为艾米尔·盖勒的家具及玻璃作品。

◎ 图 1.3-12　艾米尔·盖勒的家具及玻璃作品

（2）格拉斯哥学派。格拉斯哥学派是 19 世纪末 20 世纪初以英国格拉斯哥艺术学院为中心的松散的学派。该学派以查尔斯·麦金托什及其妻子马格里特·麦克唐那，其妻子的妹妹弗朗西斯·麦克唐那、

在“青年风格”艺术家和设计师的作品中，蜿蜒的曲线因素第一次受到节制，并逐步转变成几何因素的形式构图。

妹夫赫伯特·麦克奈尔四人为中心，因而又被称为“格拉斯哥四人派”运动的一个重要的发展分支。从大量的作品来看，格拉斯哥学派的设计风格集中地反映在装饰内容和手法的运用上（见图 1.3-13）。如图 1.3-14 所示为麦金托什故居的卧室内景。

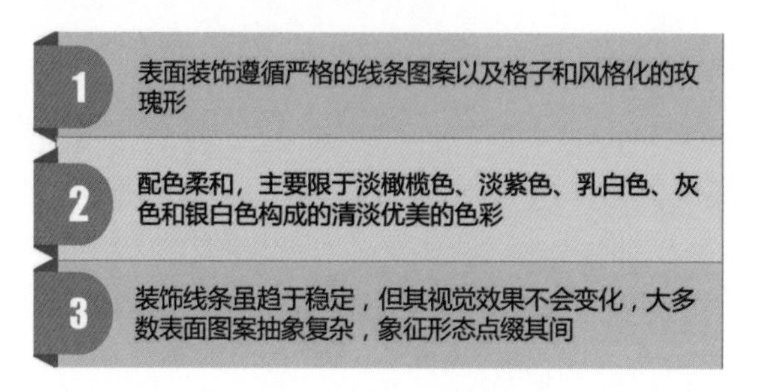


◎ 图 1.3-13　格拉斯哥学派的设计特点

（3）德国“青年风格”。德国的新艺术运动称为“青年风格”，因 1896 年德国艺术批评家朱利梅耶·格拉佛创办的周刊《青年》杂志而得名。“青年风格”的活动中心设在慕尼黑，这是新艺术转向功能主义的一个重要步骤。正当新艺术在比利时、法国和西班牙以应用抽象的自然形态为特色，向着富有装饰的自由曲线发展时，在“青年风格”艺术家和设计师的作品中，蜿蜒的曲线因素第一次受到节制，并逐步转变成几何因素的形式构图。雷迈斯克米德（Richard Riemerschmid，1868—1957 年）是“青年风格”的重要人物，他于 1900 年设计的餐具标志着一种对于传统形式的突破，一种对于餐

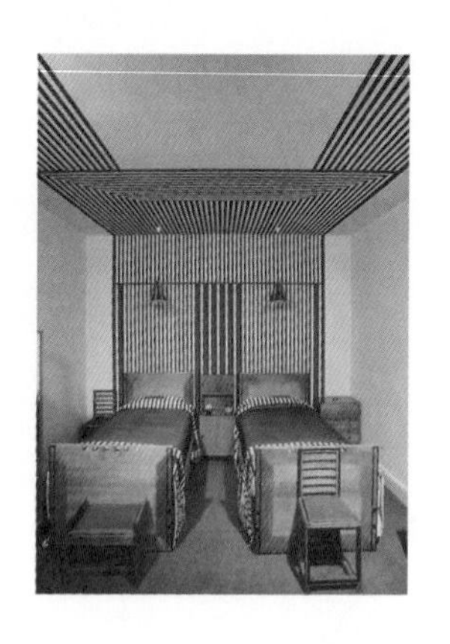

◎ 图 1.3-14　麦金托什故居的卧室内景

贝伦斯是“青年风格”的代表人物，他早期的平面设计受日本水印木刻的影响，喜爱荷花、蝴蝶等象征美的自然形象，但后来逐渐趋于抽象的几何形式，标志着德国的新艺术开始走向理性。

蒂芙尼擅长设计和制作玻璃制品，特别是玻璃花瓶。设计大多直接从花朵或小鸟的形象中提炼而来，与新艺术从生物中获取灵感的思想不谋而合。

具及其使用方式的重新思考，迄今仍不失其优异的设计质量（见图 1.3–15）。

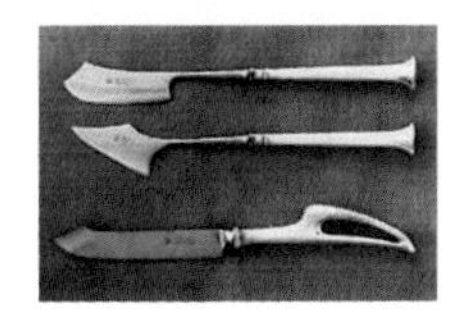

◎ 图 1.3–15　雷迈斯克米德设计的餐具

在德国设计由古典走向现代的进程中，达姆施塔特（Darmstadt）艺术家村起到了极其重要的作用。达姆施塔特是德国黑森州的一个小城，1899—1914 年，黑森州的最后一任大公路德维希（Grand Duke Ernst Ludwig II）为了促进该州的出口，在达姆施塔特的玛蒂尔德霍尔（Mathildenhohe）高地建立了艺术家村（Künstlerkolonie），网罗了德国以及欧洲其他国家的建筑师、艺术家和设计师，其中有著名的奥地利建筑师奥布里奇（Joseph M. Olbrich，1867—1908 年）和德国设计师贝伦斯，从事产品设计工作。艺术家村很快成为德国乃至欧洲新艺术的中心，其目标是创造全新的整体艺术形式，将生活中的建筑、艺术、工艺、室内设计、园林等方面形成一个统一的整体。贝伦斯也是“青春风格”的代表人物，他早期的平面设计受日本水印木刻的影响，喜爱荷花、蝴蝶等象征美的自然形象，但后来逐渐趋于抽象的几何形式，标志着德国的新艺术开始走向理性。贝伦斯于 1901 年设计的餐盘完全采用了几何形式的构图（见图 1.3–16）。

◎ 图 1.3–16　贝伦斯于 1901 年设计的餐盘

新艺术在美国也有发展，其代表人物是蒂芙尼（L. C. Tiffany，1848—1933 年），他擅长设计和制作玻璃制品，特别是玻璃花瓶（见图 1.3–17）。

他的设计大多直接从花朵或小鸟的形象中提炼而来，与新艺术从生物中获取灵感的思想不谋而合。

◎ 图 1.3–17 蒂法尼设计的玻璃花瓶

（4）维也纳“分离派”。维也纳“分离派”成立于 1897 年，成员主要来自维也纳派，大多数是建筑师奥托·瓦格纳的学生，还包括建筑师、手工艺设计师、画家，因标榜与传统和正统艺术不同，故称“分离派”。其风格特征如图 1.3–18 所示。图 1.3–19 所示为维也纳“分离派”绘画大师克里姆特（Gustav Klimt）的作品，如图 1.3–20 所示为维也纳“分离派”艺术馆。

1. 造型简洁明快，注重简单直线
2. 主张“功能主义与有机形态的结合，简单几何外形和流畅的自然造型的结合”

◎ 图 1.3–18 维也纳“分离派”的风格特征

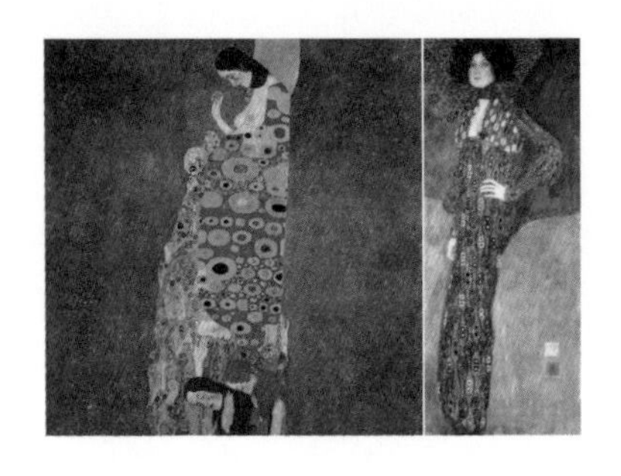

◎ 图 1.3–19 维也纳“分离派”绘画大师克里姆特的作品

◎ 图 1.3–20 维也纳“分离派”艺术馆

“地铁风格”与“比利时线条”颇为相似，地铁入口的栏杆、灯柱和护柱都采用了起伏卷曲的植物纹样。

3）新艺术运动的代表人物

（1）吉马德（Hector Guimard，1867—1942 年）。19 世纪 90 年代末至 1905 年是他作为法国新艺术运动重要成员进行设计的重要时期。吉马德最有影响的作品是他为巴黎地铁所做的设计（见图 1.3-21）。

这些设计赋予了新艺术最有名的戏称——“地铁风格”。“地铁风格”与“比利时线条”颇为相似，地铁入口的栏杆、灯柱和护柱都采用了起伏卷曲的植物纹样。吉马德于 1908 年设计的咖啡几也是一件典型的新艺术设计作品（见图 1.3-22）。

◎ 图 1.3-21　吉马德设计的巴黎地铁站入口

◎ 图 1.3-22　吉马德于 1908 年设计的咖啡几

（2）查尔斯·麦金托什。英国“格拉斯哥学派”的核心人物，新艺术运动产生的全面设计师的典型代表。麦金托什的设计领域十分广泛，涉及建筑、家具、玻璃器皿等，同时他也是一位出色的画家。其设计思想如图 1.3-23 所示。

麦金托什的探索为机械化、批量化、工业化的形式奠定了可能的基础。可以说麦金托什是联系新艺术运动中的手工艺运动和现代主义

麦金托什的探索为机械化、批量化、工业化的形式奠定了可能的基础。可以说麦金托什是联系新艺术运动中的手工艺运动和现代主义运动的关键过渡性人物。

运动的关键过渡性人物。他的一系列探索对德国“青年风格”和维也纳“分离派”的影响非常大，为现代主义设计的发展做了有意义的铺垫。格拉斯哥艺术学院是其建筑设计的代表作。如图 1.3-24 所示为麦金托什于 1919 年设计的座钟，如图 1.3-25 所示为麦金托什设计的高背椅。

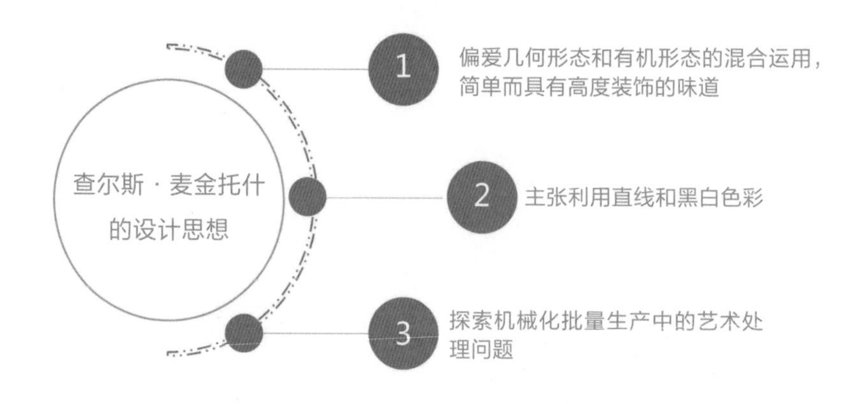


◎ 图 1.3-23　查尔斯 · 麦金托什的设计思想

◎ 图 1.3-24　麦金托什于 1919 年设计的座钟

◎ 图 1.3-25　麦金托什设计的高背椅

（3）彼得 · 贝伦斯。彼得 · 贝伦斯是德国现代设计的奠基人，被称为“德国现代设计之父”。彼得 · 贝伦斯为德国 AEG 公司设计了世界上第一个企业形象，并设计了透平机工厂厂房，在现代主义建筑设计中具有里程碑意义。他主张的设计思想如图 1.3−26 所示。

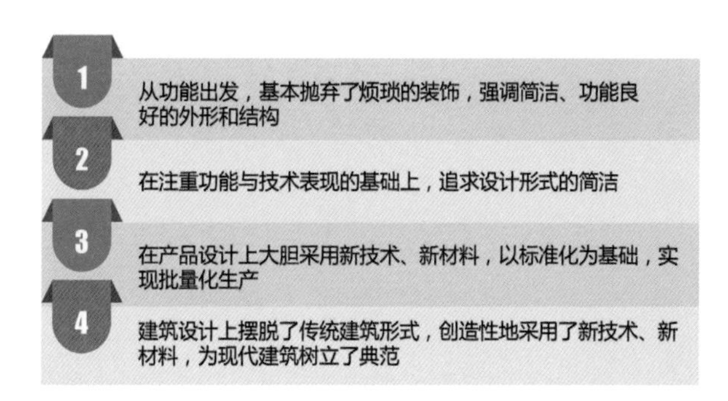


◎ 图 1.3−26　彼得 · 贝伦斯的设计思想

彼得·贝伦斯培养了现代设计的三巨头：格罗佩斯、米斯·凡德罗、勒·柯布西耶。如图 1.3−27 所示为贝伦斯为 AEG 公司设计的电风扇。如图 1.3−28 所示为贝伦斯于 1907 年为 AEG 公司设计的电灯。

◎ 图 1.3−27　贝伦斯为 AEG 公司设计的电风扇

◎ 图 1.3−28　贝伦斯于 1907 年为 AEG 公司设计的电灯

（4）安东尼·高迪。阴差阳错，在整个新艺术运动中最引人注目、最复杂、最富天才和创新精神的人物出现于一个与英国文化和趣味相距甚远的国度，他就是西班牙建筑师安东尼·高迪（Antonio Gauti，1852—1926 年）。虽然他与比利时的新艺术运动并没有渊源，但在方法上却有一致之处。他以浪漫主义的幻想，极力使塑性艺术渗透到三维空间的建筑之中。他吸取了东方的风格与哥特式建筑的结构特点，并结合自然形式，精心研究个人独创的塑性建筑。西班牙巴塞罗那的米拉公寓便是一个典型的例子。米拉公寓的整个结构由一种蜿蜒蛇曲的动势所支配，体现了一种生命的动感，宛如一尊巨大的抽象雕塑（见图 1.3–29）。但由于未采用直线，米拉公寓在使用上颇有不便之处。另外，西班牙新艺术家具设计也有这种偏爱强烈的形式表现而不顾及功能的倾向。

◎ 图 1.3–29　高迪于 1906—1910 年设计的巴塞罗那米拉公寓

圣家族大教堂是一个由宗教组织“圣约瑟祈祷者联盟”于 1881 年委托西班牙建筑师安东·尼高迪设计建造的教堂（见图 1.3–30）。圣家族大教堂始建于 1882 年，由于财力不足，多次停工。教堂的设计主要模拟中世纪哥特式建筑样式，原设计有 12 座尖塔，最后只完成了 4 座。尖塔虽然保留着哥特式的韵味，但结构已简练很多，教堂内外布满钟乳石式的雕塑和装饰件，上面贴以彩色玻璃和石块，宛如神话中的世界。其设计上基本没有遵循任何古典教堂形式的设计风格，具有强烈的雕塑艺术特征。

装饰艺术运动具有工艺性和工业化的双重特点，采用折中主义立场，设法把豪华、奢侈的手工艺制作与代表未来的工业化合二为一。

◎ 图 1.3-30　圣家族大教堂

## 1.3.2　装饰艺术运动与现代设计的萌起

### 1. 装饰艺术运动

装饰艺术运动是 20 世纪 20~30 年代在法国、英国和美国等国家开展的一场设计艺术运动，具有工艺性和工业化的双重特点，采用折中主义立场，设法把豪华、奢侈的手工艺制作与代表未来的工业化合二为一，以此产生一种新风格。它的风格特征如图 1.3-31 所示。

1. 主张采用新材料，主张机械美，采用大量的新的装饰手法使机械形式及现代特征变得更加自然
2. 其造型语言表现为采用大量几何形态、绚丽的色彩，以及表现这些效果的高档材料

◎ 图 1.3-31　装饰艺术运动的风格特征

这场艺术运动的风格追求华丽的装饰，以满足人们对产品形式美感的需求，但其性质仍是一场形式主义的运动，是一场承上启下的国

装饰艺术运动是一场形式主义的运动，是一场承上启下的国际性设计运动。强调为上层顾客服务，与强调设计的社会效用的现代主义立场大相径庭。因此装饰艺术运动依旧是一种精英主义设计，不是真正的大众化、民主化的设计。

际性设计运动。装饰艺术运动受到同时产生的欧洲现代主义运动的影响，但它强调为上层顾客服务，与强调设计的社会效用的现代主义立场大相径庭。装饰艺术运动依旧是一种精英主义设计，不是真正的大众化、民主化的设计。如图 1.3-32 所示为装饰艺术风格的家具。

◎ 图1.3-32　装饰艺术风格的家具

## 2. 德国工业同盟

在赫尔曼·穆特修斯的倡议下， 1907 年 10 月成立了旨在促进设计的半官方机构——德国工业同盟，其成员包括制造商、建筑家和工艺家。德国工业同盟把工业革命和民主革命所改变的社会当作不可避免的现实来客观接受，并利用机械技术开发满足需要的产品。德国工业同盟成立后出版年鉴，开展设计活动，参与企业设计，举办设计展览，尤其具有意义的是他们有关设计的标准化和个人艺术性的讨论，持这两种观点的代表分别是穆特修斯和亨利·凡·德·威尔德。1914 年，穆特修斯极力强调产品的标准化，主张“一切活动都应朝着标准化来进行”。如图 1.3-33 所示为穆特修斯于 1907—1908 年设计的弗罗伊登贝格住宅。

◎ 图1.3-33　穆特修斯于1907—1908 年设计的弗罗伊登贝格住宅

德国工业同盟把工业革命和民主革命所改变的社会当作不可避免的现实来客观接受，并利用机械技术开发满足需要的产品。

荷兰“风格派”源于荷兰绘画艺术风格，但它对设计界的影响巨大，被看作是现代主义设计中的重要表现形式之一。

威尔德则认为艺术家在本质上是个人主义者，不可能用标准化抑制他们的创造性，若只考虑销售就不会有优良品质的制作。这两种观念代表了工业化发展时期人们对现代设计的认识。德国工业同盟的中心人物实践者是彼得·贝伦斯。他受聘为德国通用电器公司的设计顾问，为公司设计了厂房、电器、标志、海报及产品说明书等。他的设计极好地诠释了现代设计的理念，使他成了工业设计史上第一个工业设计师。如图 1.3-34 所示为贝伦斯于 1910 年设计的电钟。

◎ 图 1.3-34　贝伦斯于 1910 年设计的电钟

3. 荷兰“风格派”

荷兰“风格派”源于荷兰绘画艺术风格，但它对设计界的影响巨大，被看作是现代主义设计中的重要表现形式之一。荷兰“风格派”运动既与当时的一些主题鲜明、组织结构完整的运动如立体主义、未来主义、超现实主义运动不同，并不具有完整的结构和宣言，同时也与类似包豪斯设计学院那样的艺术与设计的院校完全不同。荷兰“风格派”是由荷兰的一些画家、设计家、建筑师在 1917—1928 年组织起来的，其中主要的促进者及组织者是特奥·凡·杜斯伯格，而维系“风格派”的中心是这段时间出版的一份名为《风格》的杂志。杜斯伯格的现代艺术思想如图 1.3-35 所示。

荷兰“风格派”设计强调“艺术与科学紧密结合的思想和结构第一”的原则，为以包豪斯为代表的现代主义设计运动奠定了思想基础。荷兰“风格派”设计的代表作有蒙德里安的“几何格子”作品（见图

1.3-36）、里特维德设计的红蓝椅（见图 1.3-37）等。

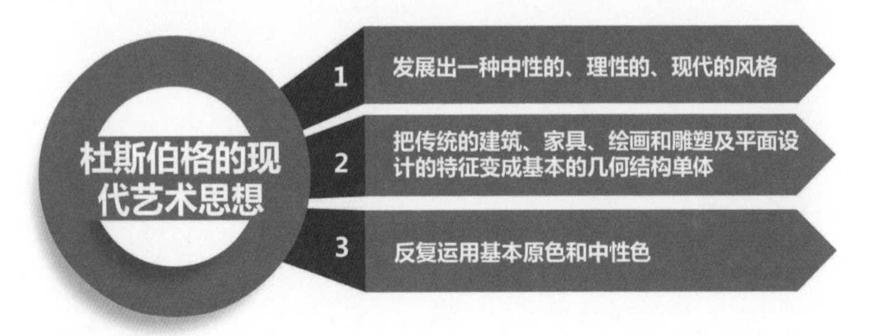


◎ 图 1.3-35　杜斯伯格的现代艺术思想

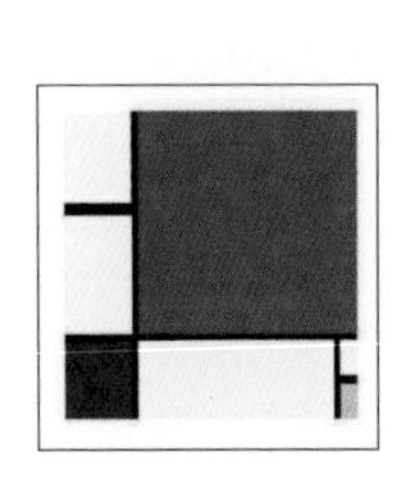

◎ 图 1.3-36　荷兰“风格派”画家蒙德里安的“几何格子”作品

◎ 图 1.3-37　里特维德设计的红蓝椅

4. 俄国构成主义

俄国构成主义设计运动是十月革命胜利以后，在苏联一批激进的知识分子当中产生的前卫艺术运动和设计运动，是在立体主义影响下派生出来的艺术流派。构成主义设计运动的特点如图 1.3-38 所示。

构成主义设计运动的主要代表人物有埃尔·里希斯基、弗拉基米尔·塔特林、卡西米·马列维奇。如图 1.3-39 所示为塔特林的作品《绘画浮雕》，如图 1.3-40 所示为塔特林设计的第三国际塔。

包豪斯是1919年在德国魏玛成立的一所设计学院的简称，是世界上第一所推行现代设计教育、有完整的设计教育宗旨和教学体系的学院，其目标是培养新型设计人才。

1. 赞美工业文明，崇拜机械结构中的构成方式和现代工业材料
2. 主张用形式的功能作用和结构的合理性来代替艺术的形象性
3. 强调设计为无产阶级政治服务
4. 构成主义以结构为设计的出发点，通过抽象的手法，探索事物的实用性，以及新技术条件下产品设计和技术如何结合的新问题，对新的设计语言的产生和现代工业的发展具有革命性的影响

◎ 图1.3-38　构成主义设计运动的特点

◎ 图1.3-39
塔特林的作品《绘画浮雕》

◎ 图1.3-40
塔特林设计的第三国际塔

## 1.3.3　现代设计运动先锋——包豪斯

包豪斯是1919年在德国魏玛成立的一所设计学院的简称，是世界上第一所推行现代设计教育、有完整的设计教育宗旨和教学体系的

学院，其目标是培养新型设计人才。包豪斯的建立与发展是拉斯金、莫里斯及后来的德国工业同盟的优秀设计思想与 20 世纪欧洲经济发展的必然结果，它的出现对现代设计理论、现代主义设计教育和实践，以及后来的设计美学思想都具有划时代意义。

### 1. 核心的设计思想

包豪斯经过设计实践，形成了重视功能、技术和经济因素的正确设计观念，其设计思想的核心如图 1.3-41 所示。

◎ 图 1.3-41　包豪斯设计思想的核心

这些观点对现代工业设计的发展起到了积极作用，使现代设计逐步由理想主义走向现实主义，即用理性的、科学的思想来替代艺术上的自我表现和浪漫主义。包豪斯的历史虽然比较短暂，但在设计史上的作用是重要的。

现代设计运动的蓬勃兴起对传统的设计教育体系提出了新的课题，把 20 世纪以来在设计领域中产生的新概念、新理论、新方法与 20 世纪以来出现的新技术、新材料的运用，融入一种崭新的设计教育体系之中，创造出一种适合工业化时代的现代设计教育形式，这也是新时代提出的新任务。真正完成这一使命的就是包豪斯。包豪斯培养了整整一个时代的设计人才，也影响了整整一个时代的设计风格，被誉为“现代设计的摇篮”。

包豪斯培养了整整一个时代的设计人才，也影响了整整一个时代的设计风格，被誉为“现代设计的摇篮”。

包豪斯在设计教学中贯彻的方针、方法如图 1.3-42 所示。

| | |
|---|---|
| 1 | 在设计中提倡自由创造，反对模仿、墨守成规 |
| 2 | 将手工艺与机器生产结合起来，提倡在掌握手工艺的同时，了解现代工业的特点，用手工艺的技巧创作高质量的产品，并能供给工厂大批量生产 |
| 3 | 强调基础训练，从现代抽象绘画和雕塑发展而来的平面构成、立体构成和色彩构成等基础课程成了包豪斯对现代工业设计做出的最大贡献之一 |
| 4 | 实际动手能力和理论素养并重 |
| 5 | 把学校教育与社会生产实践结合起来 |

◎ 图 1.3-42　包豪斯在设计教学中贯彻的方针、方法

## 2. 包豪斯时期的代表人物

（1）瓦尔特·格罗皮乌斯（见图 1.3-43）。著名建筑师，德国工业同盟的主要成员，现代主义建筑流派的代表人物之一，包豪斯的创办人，设计艺术教育家与活动家。1910—1914 年，他独立创办了建筑设计事务所，其间与汉斯·迈耶合作设计了著名的法古斯鞋楦工厂，是欧洲第一座真正的玻璃结构建筑。1925 年，包豪斯迁到德绍后，他设计了新校舍。他的设计主张如图 1.3-44 所示。他的代表作品有法古斯鞋楦工厂（见图 1.3-45）、包豪斯德绍校舍（见图 1.3-46）、哈佛大学研究生中心（见图 1.3-47）等。

◎ 图 1.3-43
瓦尔特·格罗皮乌斯

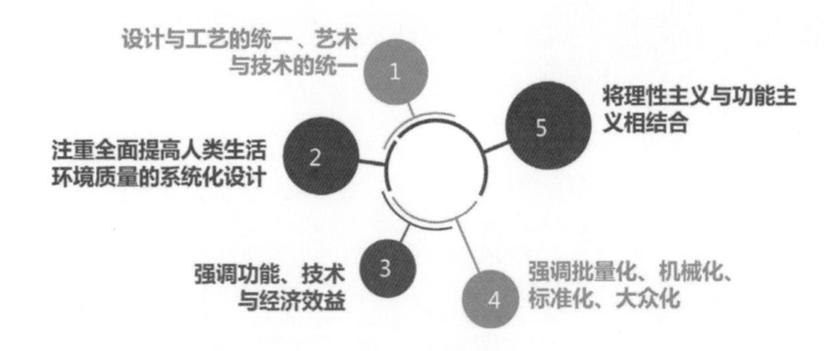


图 1.3-44　瓦尔特 · 格罗皮乌斯的设计主张

◎ 图 1.3-45　法古斯鞋楦工厂

◎ 图 1.3-46　包豪斯德绍校舍

◎ 图 1.3-47　哈佛大学研究生中心

（2）瓦西里・康定斯基。画家、美学家、音乐家、诗人和制作家，抽象主义美术和美学的奠基人，长期活跃于欧洲众多国家。他的《论艺术精神问题》《关于形式问题》《点・线・面》等都是抽象主义艺术理论的经典之作。康定斯基到了包豪斯后，建立了自己的独特的基础课，开设了“自然的分析与研究”“分析绘画”等课程。其教学完全是从抽象的色彩与形体开始的，然后把这些抽象的内容与具体的设计结合起来。他对包豪斯基础课的主要贡献体现在“分析绘画”和“色

莫霍里·纳吉强调形式和色彩的理性认识，注重点、线、面的关系，通过实践，使学生了解如何客观地分析二维空间的构成，并进而推广到三维空间的构成上，这就为设计教育奠定了“三大构成”的基础，意味着包豪斯开始由表现主义转向理性主义。

彩与形体的理论研究”两个方面。包豪斯的基础课程是在 1925 年包豪斯迁到德绍之后才逐渐建立起来的，这与瓦西里·康定斯基的工作是分不开的。如图 1.3-48 所示为瓦西里·康定斯基的美术作品。

（a）《即兴创作》

（b）《光之间》

◎ 图 1.3-48　瓦西里·康定斯基的美术作品

（3）莫霍里·纳吉。他出生于匈牙利，早年工作以绘画和平面设计为主，于 1921 年来到包豪斯，1923 年接替伊顿的职务，负责包豪斯的基础课程教学。他强调形式和色彩的理性认识，注重点、线、面的关系，通过实践，使学生了解如何客观地分析二维空间的构成，并进而推广到三维空间的构成上，这就为设计教育奠定了“三大构成”的基础，意味着包豪斯开始由表现主义转向理性主义。与此同时，莫霍里·纳吉在金属制品车间担任导师，致力于用金属与玻璃结合的方式教育学生从事实习，为灯具设计开辟了一条新途径，产生了许多包豪斯具有影响力的作品。他努力把学生从个人艺术表现的立场转变到比较理性的认识，科学地了解和掌握新技术和新媒介。他指导学生制作的金属制品都具有非常简单的几何造型，同时有明确、恰当的功能特征和性能。包豪斯解散后，莫霍里·纳吉于 1937 年在美国芝加哥成立了新包豪斯，作为原包豪斯的延续，将一种新的方法引入了美国的创造性教育。新包豪斯后来与伊利诺伊理工学院合并。如图 1.3-49 所示为莫霍里·纳吉为《包豪斯丛书》的广告说明设计的封面。

◎ 图1.3-49　莫霍里·纳吉为《包豪斯丛书》的广告说明设计的封面

3. 包豪斯的深远影响

包豪斯对现代设计乃至人类文明创造的贡献是巨大的，特别是它的设计教育有着深远的影响（见图 1.3-50），其教育体系至今仍被世界上大多数国家沿用。

◎ 图1.3-50　包豪斯设计体系的深远影响

例如，马歇尔·布鲁耶设计的钢管桌（见图 1.3-51），由柏林的家具厂商大批投入生产。马歇尔·布鲁耶还为柏林的费德尔家具设计标准化的家具，这种标准化的家具生产方式为现代大批量的工业化的家具制作奠定了基础。

◎ 图 1.3-51　马歇尔·布鲁耶设计的钢管桌

包豪斯培养出的杰出设计师把 20 世纪的设计推向了一个新的高度。相比之下，包豪斯设计出来的实际工业产品在范围或数量上都并不显著，包豪斯的影响不在于它的实际成就，而在于它的精神。包豪斯的思想一度被奉为现代主义的经典。

但随着对包豪斯研究的深化，它的局限性也逐渐为人们所认识（见图 1.3-52）。

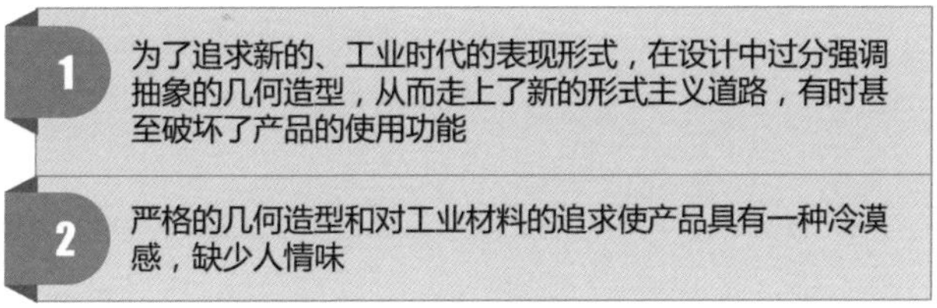

1　为了追求新的、工业时代的表现形式，在设计中过分强调抽象的几何造型，从而走上了新的形式主义道路，有时甚至破坏了产品的使用功能

2　严格的几何造型和对工业材料的追求使产品具有一种冷漠感，缺少人情味

◎ 图 1.3-52　包豪斯的局限性

对于包豪斯最多的批评是针对所谓“国际风格”的。由于包豪斯主张与传统决裂并倡导几何风格，对各国建筑与设计的文化传统产生了巨大冲击，从事实上消解了设计的地域性、民族性。

## 1.3.4　思维更加跳跃——现代主义之后的设计

### 1. 国际主义设计

现代主义经过在美国的发展，成为第二次世界大战后的国际主国际主义设计具有形式简单、反装饰性、系统化等特点，设计方式上受“少即是多”原则的影响较深，20 世纪 50 年代后期发展为形式上的减少主义。

义风格。这种风格在 20 世纪 60~70 年代发展到了登峰造极的地步，影响了世界各国的设计。国际主义设计具有形式简单、反装饰性、系统化等特点，设计方式上受“少即是多”原则的影响较深，20 世纪 50 年代后期发展为形式上的减少主义。从根源上看，美国的国际主义与第二次世界大战前欧洲的现代主义运动是同源的，是包豪斯领导者来到美国后发展出的新的现代主义。但从意识形态上看，二者却有很大差异。现代主义的民主色彩、乌托邦色彩荡然无存，变为一种单纯的商业风格，变成了“为形式而形式”的追求。20 世纪 80 年代以后，国际主义开始衰退，简单理性、缺乏人情味、风格单一、漠视功能引起青年一代的不满是国际主义式微的主要原因。如图 1.3-53 所示为密斯・凡・德・罗和菲利普・约翰逊设计的西格拉姆大厦。

◎ 图 1.3-53 密斯・凡・德・罗和菲利普・约翰逊设计的西格拉姆大厦

### 2. 后现代主义设计

20 世纪 60 年代以后，西方一些国家相继进入了所谓的“丰裕型社会”，注重功能的现代设计的一些弊端逐渐显现出来。功能主义在 20 世纪 50 年代末期遭到质疑，进而发展到了严重的减退程度。生活

斯特恩把后现代主义的主要特征归结为三点：文脉主义、隐喻主义和装饰主义。他强调建筑的历史文化内涵、建筑与环境的关系和建筑的象征性，并把装饰作为建筑不可分割的部分。

富裕的人们再也不能满足于功能所带来的有限价值，而需求更多、更美、更富装饰性和人性化的产品设计，催生了一个多元化设计时代的到来。1977 年，美国建筑师、评论家查尔斯·詹克斯在《后现代建筑语言》一书中将这一设计思潮明确称作“后现代主义”。

后现代主义的影响先体现在建筑领域，而后迅速波及其他领域，如文学、哲学、批评理论及设计领域。一部分建筑师开始在古典主义的装饰传统中寻找创作的灵感，以简化、夸张、变形、组合等手法，采用历史建筑及装饰的局部或部件作为元素进行设计。

后现代主义最早的宣言是美国建筑师罗伯特·文丘里于 1966 年出版的《建筑的复杂性与矛盾性》一书。罗伯特·文丘里的建筑理论“少就是乏味”的口号是与现代主义“少即是多”的信条针锋相对的。另一位后现代主义的发言人斯特恩把后现代主义的主要特征归结为三点：文脉主义、隐喻主义和装饰主义。他强调建筑的历史文化内涵、建筑与环境的关系和建筑的象征性，并把装饰作为建筑不可分割的部分。

后现代主义在 20 世纪 70~80 年代的建筑界和设计界掀起了轩然大波。在产品设计界，后现代主义的重要代表是意大利的“孟菲斯”设计集团。针对现代主义后期出现的单调的、缺乏人情味的理性而冷酷的面貌，后现代主义以追求富于人性的、装饰的、变化的、个人的、传统的、表现的形式，塑造多元化的设计特征。如图 1.3-54 所示为罗伯特·文丘里为母亲设计的栗子山庄别墅。住宅采用坡顶，它是传统概念中可以遮风挡雨的符号。主立面总体上是对称的，细部处理则是不对称的，窗孔的大小和位置是根据内部功能的需要设计的。山墙的正中央留有阴影缺口，似乎将建筑分为两半，而入口门洞上方的装饰弧线似乎有意将左右两部分连为整体，成为矛盾的处理手法。平面的结构体系是简单的对称，功能布局在中轴线两侧则是不对称的。中央是开敞的起居厅，左边是卧室和卫浴，右边是餐厅、厨房和后院，反映出古典对称布局与现代生活的矛盾。楼梯与壁炉、烟囱互相争夺中心则是细部处理的矛盾，解决矛盾的方法是互相让步，烟囱微微偏向一侧，楼梯则是遇到烟囱后变狭，形成折中的方案，虽然楼梯不顺畅但楼梯加宽部分的下方可以作为休息的空间，加宽的楼梯也可以放点东西。既大又小指的是入口，门洞开口很大，凹廊进深很小。既开敞又封闭指的是二层后侧，开敞的半圆落地窗与高大的女儿墙。罗伯特 · 文丘里自称是“设计了一个大尺度的小住宅”，因为大尺度在立面上有利于取得对称效果，大尺度的对称在视觉效果上会淡化不对称的细部处理。平面上的大尺度可以减少隔墙，使空间灵活、经济。

◎ 图 1.3-54　罗伯特 · 文丘里为母亲设计的栗子山庄别墅

### 3. 高技术风格

高技术风格源于 20 世纪 20~30 年代的机器美学，反映了当时以机械为代表的技术特征（见图 1.3-55）。

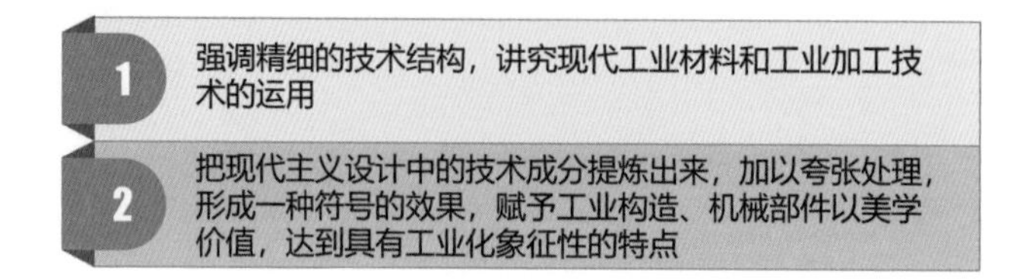


◎ 图 1.3-55　高技术风格的技术特征

波普风格又称“流行风格”，代表着 20 世纪 60 年代工业设计追求形式上的异化及娱乐化的表现主义倾向。

高技术风格最为轰动的作品是英国建筑师皮阿诺和罗杰斯设计的巴黎蓬皮杜国家艺术和文化中心（见图 1.3−56）。

◎ 图 1.3−56

巴黎蓬皮杜国家艺术和文化中心

4. 波普风格

波普风格又称“流行风格”，代表着 20 世纪 60 年代工业设计追求形式上的异化及娱乐化的表现主义倾向。从设计上来说，波普风格并不是一种单纯的、一致性的风格，而是多种风格的混杂。如图 1.3−57 所示为波普风格的特征。

◎ 图 1.3−57 波普风格的特征

波普艺术设计产生于 20 世纪 50 年代中期，一群青年艺术家有感于大众文化的兴趣，以社会生活中最大众化的形象作为设计表现的主题，以夸张、变形、组合等诸多手法从事设计，形成特有的流派和风格。波普艺术设计的主要活动中心在英国和美国，反映了第二次世界

波普设计打破了工业设计局限于现代国际主义风格过于严肃、冷漠、单一的面貌，代之以诙谐、富于人性化和多元化的设计，它是对现代主义设计风格的具有戏谑性的挑战。

大战后成长起来的青年一代的社会与文化价值观，力图表现自我，追求标新立异的心理。波普艺术设计打破了工业设计局限于现代国际主义风格过于严肃、冷漠、单一的面貌，代之以诙谐、富于人性化和多元化的设计，它是对现代主义设计风格的具有戏谑性的挑战。设计师在家具、服饰等方面进行了大胆的探索和创新，其设计挣脱了一切传统束缚，具有鲜明的时代特征。其市场目标是青少年群体，迎合了青少年桀骜不驯的生活态度及其标新立异的消费心态。由于波普风格缺乏社会文化的坚实依据，很快便消失了。波普艺术设计的本质是形式主义的，违背了工业生产中的经济法则、人机工程学原理等工业设计的基本原则，因而昙花一现。但是波普艺术设计的影响是广泛的，特别是在利用色彩和表现形式方面为设计领域吹进了一股新鲜空气。如图 1.3-58 所示为波普风格的作品。

（a）波普风格服饰

（b）波普风格室内装修

（c）波普风格海报

◎ 图1.3-58　波普风格的作品

### 5. 解构主义风格

解构主义风格的特征是对完整的现代主义、结构主义、建筑整体进行破碎处理，然后重新组合，形成破碎的空间和形态，是具有个性、

解构主义风格的特征是对完整的现代主义、结构主义、建筑整体破碎处理，然后重新组合，形成破碎的空间和形态，是具有个性、随意性的表现特征的设计探索风格，是对正统的现代主义、国际主义原则和标准的否定和批判。

随意性的表现特征的设计探索风格，是对正统的现代主义、国际主义原则和标准的否定和批判。解构主义风格的代表人物有弗兰克·盖里和彼得·埃森曼。如图1.3-59所示为解构主义风格的作品。

（a）迪士尼音乐厅

（b）公共候车亭设计

（c）意大利 Castelvecchio 博物馆庭院景观设计

◎ 图1.3-59　解构主义风格的作品

## 6. 新现代主义风格

20世纪60年代之后，设计领域出现了一种复兴20世纪20~30年代的现代主义，它是一种对于现代主义进行重新研究和探索发展的设计风格，坚持了现代主义的一些设计元素，在此基础上又加入了新的简单形式的象征意义。因此，新现代主义风格既具有现代主义严谨的功能主义和理性主义特征，又具有独特的个人表现。

新现代主义风格有着现代主义简洁明快的特征，但不像现代主义那样单调和冷漠，而是带点后现代主义活泼的特色，是一种

新现代主义风格有着现代主义简洁明快的特征，但不像现代主义那样单调和冷漠，而是带点后现代主义活泼的特色，是一种变化中有严谨、严肃中见活泼的设计风格。

新现代主义风格所强调的是几何形结构以及无装饰、高度功能主义形式的设计风格。

变化中有严谨、严肃中见活泼的设计风格。这种独特的设计风格在 20 世纪 60~70 年代极为流行的同时深深影响了后来的设计界，以至于在当代的一些展览展示设计中依然得到追捧。

新现代主义风格所强调的是几何形结构以及无装饰、高度功能主义形式的设计风格。在现代的一些展览展示设计中，这种设计风格被广泛借鉴和利用。比如苏州博物馆，建造成了苏州著名的传统而不失现代感的建筑。它的整个屋顶由各种简单的几何形方块组成，看似比较单调，给人一种冷冷的感觉，但设计师将这些看似死板的几何形方块运用科技的力量打造出了一种奇妙的几何形效果，有趣活泼，摆脱了呆板的现状，而且玻璃屋顶与石屋顶的有机结合、金属遮阳片与怀旧的木架结构的巧妙使用，将自然光线投射到馆内展区，既方便了参观者，又营造了一种“诗中有画、画中有诗”的意境美，充分体现了新现代主义风格所追求的功能主义审美倾向。除此之外，博物馆在外观上无太多装饰，大部分采用苏州当地住宅的特色，白墙灰砖，原始自然，使原本生硬的几何造型平添了几分诗意。

作为一个文化展览的平台，苏州博物馆的设计无论是在外观上还是内部结构上都符合了作为一个文化展览展示平台所应具备的特征，同时有效地向公众展现了苏州当地的历史文化。这样具有新现代主义风格特征的设计打破了传统展览展示的模式，新颖大胆且富有创意。所以说，苏州博物馆的设计是新现代主义风格的典型产物（见图 1.3-60）。

◎ 图1.3-60　苏州博物馆

20 世纪中期，工业设计已渐渐地立足于当代的工业社会，它应用了工业生产的技术与新型材料，并考虑使用者本身的需求，为使用者的各种需求条件量身定做。

### 1.3.5 百家争鸣——代表性国家的设计发展

20 世纪初，自德国开始倡导工业设计的活动之后，其他如英国、法国、意大利等工业进步的国家也纷纷开始推动工业设计的政策，并在第二次世界大战后流传到美国、加拿大及亚洲的日本和韩国。20 世纪中叶，工业设计已渐渐地立足于当代的工业社会，它应用了工业生产的技术与新型材料，并考虑使用者本身的需求，为使用者的各种需求条件量身定做。一般以强大工业为基础的国家，发展工业设计的脚步就非常快，因为当时的设计产物，都以量产的方式，也就是以工业制造生产商品和生活用品。近代各大工业国的工业设计特色现况如表 1.3-1 所示。

表 1.3-1　近代各大工业国的工业设计特色

| 国家或地区 | 工业设计特色 |
|---|---|
| 德国 | 借助强大的工业基础，将工业生产的观念带进了设计的标准化理念，成功地将设计活动推向现代化。包豪斯时期，将工业设计的理念延续，融合了艺术元素；将美学的概念带入了设计，除了改进标准化之外，更加强了功能性的需求 |
| 意大利 | 流线型风格，细腻的表面处理创造出一种更为优美、典雅、独具高度感、雕塑感的产品风格，表现出积极的现代感。其形态充满了国家的文化特质，以鲜艳的色彩搭配了中古时期优雅的线条 |
| 英国 | 在产品设计上，传统的皇室风格是他们的设计守则，其特色多为展示视觉的荣耀感、尊贵感，从他们的器皿、家具、服饰都可以看得出来，精美的手工纹雕形态，以及曲线和花纹的设计，透露出保守的作风 |
| 北欧 | 北欧设计究竟美在哪里？最简单的说法就是它从生活上的每一个动作或是地方，让生活里的每一件平凡事物变成美丽的态度；最终目的是在追求美的表现与优质生活，无论是餐厅侍者的动作或谈吐，街上的垃圾桶或是候车亭，简单朴实但都重视品味，不过分装饰。服饰、建筑、公共艺术、餐厅内部、杯子、椅子等大大小小的每一样事物都经过精心的设计考虑，甚至医院排队领药的过程也有设计，一切都追求最美的感受 |

德国设计史三个阶段：德国制造联盟（Der Deutsche Werkbund）、包豪斯（Bauhaus）和乌尔姆设计学院（Ulm Design School）。

（续表）

| 国家或地区 | 工业设计特色 |
| --- | --- |
| 美国 | 由流线型所遗留下来的自由风格，并学习了德国的功能主义，产品中强化功能性的操作接口。由于有着深厚的科技与工业技术，着重于材料与技术的改良，并持续地发展整合性的产品。2000 年之后，引进了数字科技，在电子、生活产品设计上，强调智慧型与人性化的界面设计，苹果电脑就是一个相当成功的例子 |
| 日本 | 源自传统的工艺与文化形态，追求简朴、自然，对童稚的纯真这一最基本的元素注入了更多的创意。在造型设计上不仅注重外观，更能以严谨、内敛的细腻与雅致的态度进行产品造型的创新，让传统的文化工艺美学重新得到了消费者的尊重与喜好。知名的设计师包括有喜多俊之、原研哉、深泽直人、安藤忠雄等 |
| 韩国 | 在产品设计中加入了时尚的元素，提升了设计的品位，在服装、汽车、消费电子产品方面的设计已经能够自己经营、规划品牌并营销 |

### 1. 德国设计

德国素有“设计之母”的称号，为催生现代设计最早的国家之一，德国也是全世界先进国家中最致力于推动设计的国家。德国设计史主要包括三个阶段：德国制造联盟（Der Deutsche Werkbund）、包豪斯（Bauhaus）和乌尔姆设计学院（Ulm Design School）。在第一次世界大战前，德国制造联盟在 1907 年开始发展设计，借助强大的工业基础，将工业生产的观念带进了设计的标准化理念，成功地将设计活动推向现代化。

到了包豪斯时期，将工业设计的理念延续并融入了艺术元素；将美学的概念带入设计，除了改进标准化之外，更加强了功能性的需求。德国在 1945 年第二次世界大战后，努力复兴他们先前在设计上的努力。在工程方面，机械形式加速标准化和系统化，是设计师和制造商的最爱。技术美学思想发展最有力的是在 20 世纪 50 年代的乌尔姆设计学院，其确立了德国在第二次世界大战后出现“新机能主义”的基础。

由于受包豪斯的影响，第二次世界大战后的德国设计活动复苏得很快，并秉持着现代主义的理性风格，以及系统化、科技性及美学的考虑，其产品形态多以几何造型为主。

该校师生所设计的各种产品，都具备了高度形式化、几何化、标准化的特色，其所传达的机械美学，确实继承了包豪斯的精神，并将功能美学持续发展。除此之外，他们还引入了人因工程和心理感知的因素，使设计出的产品更合乎人性化的原则，形成高质量的设计风格。

德国的设计教育理念影响到世界各地。由于受包豪斯的影响，第二次世界大战后的德国设计活动复苏得很快，并秉持着现代主义的理性风格，以及系统化、科技性及美学的考虑，其产品形态多以几何造型为主。德国的设计对工业材料的使用相当谨慎，不断地研究新生产技术，以技术的优点来突破不可能的设计瓶颈，并以工业与科技的结合带领设计的发展与研究，此种风格也影响了后来日本的设计形式。

半个多世纪以来，博朗（Braun）公司以现代设计思想为主导，因其产品功能优质、品质卓越，生产领域涉及个人护理、食品加工、视听等，从而成为第二次世界大战后“德国经济奇迹”期间对社会做出独特贡献的企业。1951—1967 年，博朗设计在全球范围内获得广泛认可与巨大成功，其产品“以人为本”的功能与外观“纯粹到极致”的创新统一，主要归因于企业家、工程师和乌尔姆设计学院（1953—1968 年）以及众多设计师在不同领域所做出的努力。博朗设计是乌尔姆设计学院教学思想及系统方法的现实呈现，两者的成功合作确立了工业设计在德国的地位。代表了第二现代性“颜值”的博朗设计，依据马克斯·比尔（Max Bill）“好的造型”要求，倡导一种永恒的设计：通过功能性、实用性和美学上的有效设计，创造出超越时代精神的事物，为现代设计提供了美学准则。如图 1.3-61 所示为博朗公司的产品设计。

可以说，没有一家公司的设计像博朗设计那样受到如此多的赞扬、如此多的审视、如此制度化。博朗设计的产品可以说激励了一代又一代的产品设计师。作为德国设计的典范，其在设计界的地位可以说无可替代。

◎ 图1.3-61 博朗公司的产品设计

2019 年 10 月 29 日，“第二现代性的颜值：博朗设计 1951—1967”展览（见图 1.3-62）在中国美术学院的中国国际设计博物馆成功开幕。这是博朗设计在中国的首次全面展示，通过追溯影响博朗设计发展至关重要的起源与根基，介绍其作为第二次世界大战后欧洲现代主义设计（第二现代性）典范的发展历程；展示了与乌尔姆设计学院合作期间最具代表性的产品设计及设计方法；探讨了博朗设计理念及乌尔姆教学模式对未来可持续设计的影响的可能性，可谓承上启下，意义重大。

由乌尔姆设计学院带领的理性设计理论，将数学、人因工程、心理学、语意学和价值工程等严谨的科学知识应用到实务设计方法上，这是现代设计理论最重要的改革发展，欧美各国深表赞赏，并纷纷采用。至今，德国所设计的汽车、光学仪器、家电用品、机械产品、电子产品，受到全世界消费者的青睐、使用，这都要归功于早期设计拓荒者对于德国设计运动的贡献。

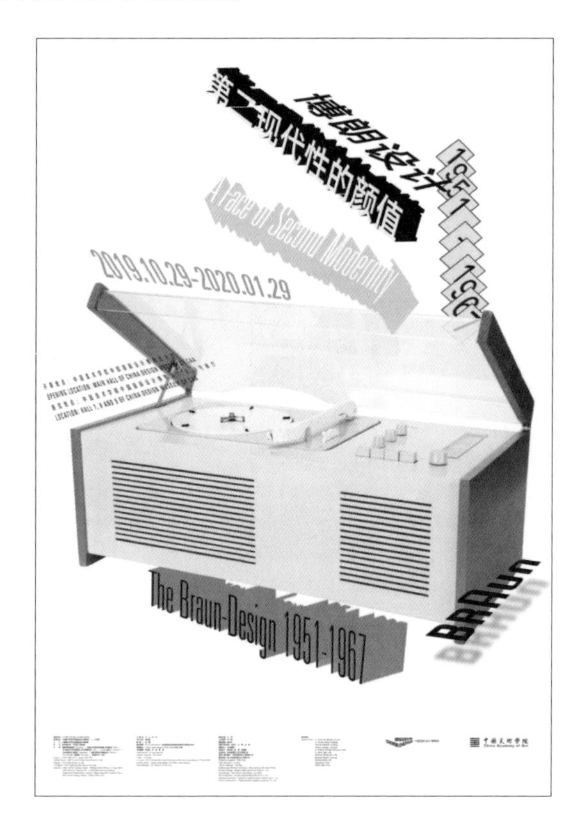


◎ 图1.3-62　中国美术学院举办的“第二现代性的颜值：博朗设计 1951—1967”展览

德国的工业企业一向以高质量的产品著称，德国产品代表优秀产品，德国的汽车、机械、仪器、消费产品等，都具有非常高的品质。这种工业生产的水平更加提高了德国设计的水平和影响。意大利汽车设计家乔治托・吉奥几亚罗为德国汽车公司设计汽车，生产出来的质量却比其在意大利设计的汽车要好得多，因而显示出问题的另外一个方面：产品质量对于设计水平的促进作用。德国不少企业都有非常杰出的设计，同时有非常杰出的质量水平，如克鲁博（Krups）公司、艾科公司、梅里塔（Melitta）公司、西门子公司、双立人公司等，德国汽车公司的设计与质量则更是世界著名的。这些因素造成德国设计的坚实面貌（见图 1.3-63）。如图 1.3-64 所示为德国工业企业的产品。

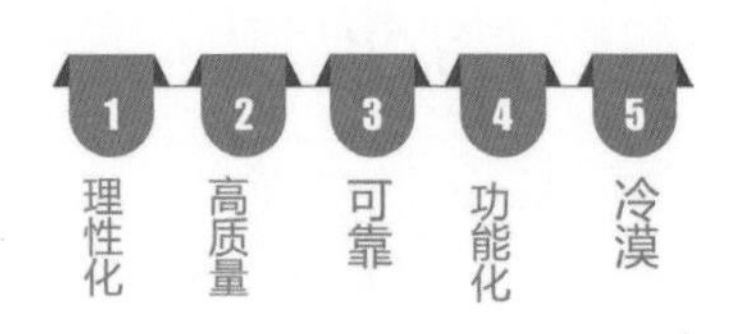


◎ 图 1.3-63　德国设计的典型特征

（a）Melitta 咖啡机

（b）西门子 KM40FS20TI 电冰箱

（c）双立人 TWIVIGL 锅具三件套

◎ 图 1.3-64　德国工业企业的产品

德国企业在 20 世纪 80 年代以来面临进入国际市场的激烈竞争。德国的设计虽然具有以上那些优点，但是以不变应万变的德国设计在以美国的有计划的废止制度为中心的消费主义设计原则造成的日新月异的、五花八门的新形式产品面前，已经非常困窘了。因此，出现了一些新的独立设计事务所，为企业提供能够与美国、日本这些高度商业化的国家的设计进行竞争的服务，其中最显著的一家设计公司是青蛙设计。这家公司完全放弃了德国传统现代主义的刻板、理性、功能主义的设计原则，发挥形式主义的力量，设计出了各种非常新潮的产

青蛙设计公司完全放弃了德国传统现代主义的刻板、理性、功能主义的设计原则，发挥形式主义的力量，设计出了各种非常新潮的产品，为德国的设计提出了新的发展方向。

德国杰出设计家奥托·艾舍主张平面设计的理性和功能特点，强调设计应该在网格上进行，才可以达到高度次序化的功能目的。他的平面设计的中心是要求设计能够让使用者用最短的时间阅读，能够在阅读平面设计文字或者图形、图像时拥有最高的准确性和最低的了解误差。

品，为德国的设计提出了新的发展方向。对于青蛙设计的这种探索，德国设计理论界是有很大争议的，其中很多人认为：虽然青蛙设计具有前卫和新潮的特点，但是它是商业味道浓厚的美国式设计的影响下的产物，或者受到前卫的、反潮流的意大利设计的影响，因此青蛙设计不是德国的，不能代表德国设计的核心和实质。这个问题依然在争论之中，而德国越来越多的企业开始尝试走两条道路：德国式的理性主义，主要为欧洲和德国本身的市场服务；国际主义、前卫、商业的设计，主要为广泛的国际市场服务。

在平面设计方面，德国同样有自己鲜明的特点。德国功能主义、理性主义的平面设计也是从乌尔姆设计学院时期发展起来的。乌尔姆设计学院的奠基人之一、德国杰出的设计家奥托·艾舍在形成德国平面设计的理性风格上起到了很大的作用。他主张平面设计的理性和功能特点，强调设计应该在网格上进行，才可以达到高度次序化的功能目的。他的平面设计的中心是要求设计能够让使用者用最短的时间阅读，能够在阅读平面设计文字或者图形、图像时拥有最高的准确性和最低的了解误差。1972 年，奥托·艾舍为在德国慕尼黑举办的世界奥林匹克运动会设计全部标志，他运用了这个原则，设计出了非常理性化的整套标志（见图 1.3-65 ~图 1.3-68）。通过奥林匹克运动会，他的平面设计理论和风格影响了德国和世界各国的平面设计行业，成为新理性主义平面设计风格的基础。

在慕尼黑的这届奥运会上，充分体现了德国的功能主义的核心价值，标志设计明显受到了光效应主义和构成主义的影响。奥托·艾舍

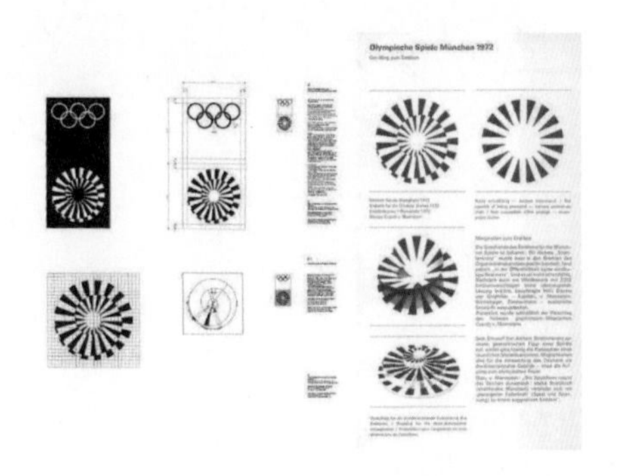


◎ 图 1.3-65　奥托 · 艾舍为在德国慕尼黑举办的世界奥林匹克运动会设计标志（右上为被拒绝的第一版设计，左上是由 Coordt von Mannstein 完成的最终设计）

◎ 图 1.3-66　奥托 · 艾舍使用网格设计的 180 个图标中的一部分

◎ 图 1.3-67　奥托 · 艾舍使用运动员的图形设计海报，表现聚集在奥运会上的不同的国家

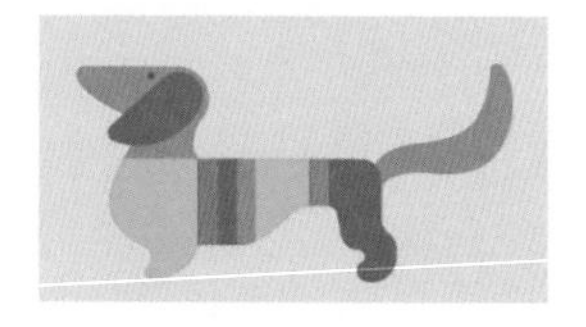

◎ 图 1.3-68　慕尼黑奥运吉祥物 Waldi

在色彩的运用上特意回避了德国的专色——红与黑，而是用冷静而不乏活力的蓝绿搭配贯穿。这届奥运会的系统设计可以说是瑞士国际风格的最辉煌的代表，也是奥托 · 艾舍最得意之作。从这届奥运会的门票设计就可以看出奥托 · 艾舍所提倡的“功能至上”和“少就是多”的设计理念，通过色彩、图表和网格对各类信息进行规范和系统管理。奥托 · 艾舍实现了从平面视觉体系到场馆规划、指示系统等全方位的整合。

德国的几个重要的设计中心，如杜塞尔多夫、斯图加特、科隆、法兰克福等，都有非常强有力的平面设计集团。20 世纪 90 年代，随着高科技的应用，无论汽车还是家电工业产品，皆有更新的突破。

2. 美国设计

美国在 20 世纪初期的工业设计发展中，追求一种物质文化的享受。20 世纪 30 年代，美国设计事业上有几个重要的突破：率先创造了许多独立的工业设计行业；设计师们自己创立工作室，保留自由的立场而为大型制造公司工作。这些美国新一代的设计师专业背景各异，不少人曾经从事与展示设计或平面设计相关的行业，如橱窗设计、舞台设计、广告牌绘画、杂志插画等，不少人甚至没有正式的高等教育背景。他们设计的对象也比较繁杂，在他们承接的工业设计事务中，从汽水到火车头的设计都有。

第二次世界大战后，美国国力突起，工业引领了设计活动，而经济的进步带领了美国人的消费。在电子科技引入商业策略方面，美国 Sears Robebuck 公司率先提供邮购及电视购物的服务，促进美国人大量的消费行为。

在美国的许多郊区，盖了一些大型购物中心（Shopping mall，见图 1.3-69），不仅提供大量的产品消费来源，也带动了国人的休闲风潮，以逛购物中心作为重心的休闲方式提升了美国人的整体生活水平。而在设计策略的规划下，整个社会倾向物质文化，重视休闲与家庭的团聚，设计的产品攻占了家庭生活圈，其中电视是当时美国人家庭生活的重心之一。而由于美国人喜欢聚集在一起的生活方式和幽默感，因此在家庭生活中，厨房则成了谈话、聚集的场所，这与日本人完全以工作为重心的生活形态相比较，有很大的差别。

◎ 图 1.3-69　大型购物中心

雷蒙·罗维的设计理念为“设计就是经营商业”，且其相当注重产品的外观，对后代设计师的影响非常深刻。

另外，在建筑方面，20 世纪初期，美国人带领建筑界发展所谓的摩天大楼（Skyscrapers），在各大都市盖起以商业办公为主的高楼大厦，如美国纽约的帝国大厦（见图 1.3-70）、芝加哥的沙利文中心（见图 1.3-71），这也导因于科技的进步所带领的美国建筑设计发展。美国人的求新与冒险精神，使设计活动在美国本土大量地发展，并扎下很深的根基，促使美国成为全世界最大的产品消费市场。由于美国政府与民间企业极力投资高科技的研究，计算机、电子技术、材料改良、太空计划、医学工程、工业技术、生产制造、能源开发等，都在刺激设计整合行为的发展，也因此，美国的工业设计在第二次世界大战后急速进步，并使得美国成为世界强国。

◎ 图 1.3-70　帝国大厦

◎ 图 1.3-71　沙利文中心

美国的工业设计理念倡导简单和品质，并鼓励居民在工商业方面的消费，20 世纪 50~70 年代是美国设计活动最活跃的时期。一位来自法国的设计大师雷蒙·罗维（Raymond Loewy），他在第一次世界大战后来到美国，为美国各大企业（Coca Cola，Grey Haund，

PennRaid Road，NASA，General Motor）设计了大量的商品及交通工具，成为家喻户晓的设计师，他的设计理念为“设计就是经营商业”，且其相当注重产品的外观，对后代设计师的影响非常深刻。雷蒙·罗维最先从事杂志插画设计和橱窗设计，在 1929 年受到企业家委托设计格斯特耐（Gestetner）复印机而开启了他的设计生涯。他采用全面简化外形的方法，把一个原来张牙舞爪的机器设计成一个整体感非常强、功能非常好的产品，得到了极佳的市场反应。1955 年，雷蒙·罗维重新设计了可口可乐的玻璃瓶，从图 1.3-72 中可以看出，新瓶子去掉了瓶子上的压纹，代替了白色的字体。2000 年，作为后起之秀的苹果公司，经过设计师重新诠释了电子产品的接口，创造了在全世界大受欢迎的 iBook、iPod 及 iPhone（见图 1.3-73），成功转换了工业设计的新思维理念，打破了传统黑盒子式的电子产品形象，成功地奠定了 Apple 在计算机市场的地位。

◎ 图1.3-72　1955 年雷蒙·罗维重新设计了可口可乐的玻璃瓶

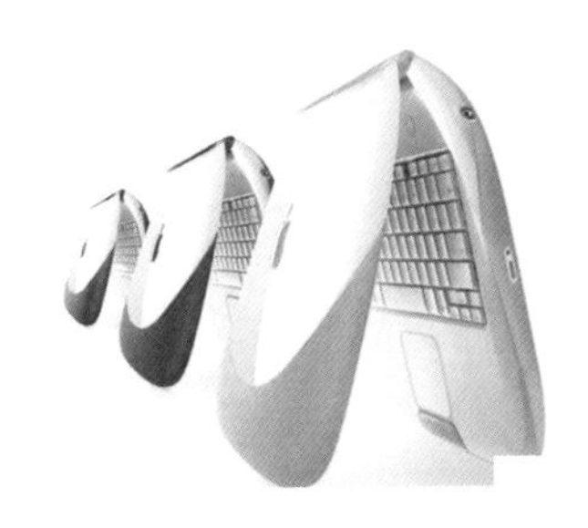

（a）iBook

（b）iPod nano

（c）iPhone 5S

◎ 图1.3-73　苹果公司的设计师重新诠释了电子产品的接口

### 3. 英国设计

英国的设计因其一直执着于工业技术主导设计，无法接受美学的论点，其设计的特点如图 1.3-74 所示。

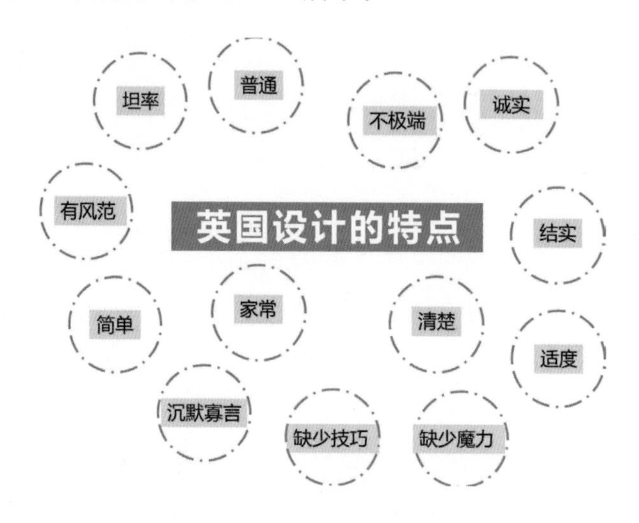


◎ 图 1.3-74　英国设计的特点

英国的设计风格在设计史上有相当重要的地位，主要因为英国是工业革命的发源地，而后又有抗争工业革命的美术工艺运动和新艺术运动。但到了 20 世纪之后，其设计文化与技术有了相当大的改变。

由于受到 19 世纪的美术工艺运动及第二次世界大战后经济萧条的影响，英国工业设计的发展并无显著进步，尤其在 20 世纪 50~60 年代，其设计的发展并无现代社会、文化的融入，乃是学习美国和意大利的流行设计风格。虽然英国也是最早发起工业设计运动的国家之一，但是受到保守的古老文化传统影响，英国工业设计发展受到了很大的限制，尤其第二次世界大战后其工业一蹶不振，传统的制造业与冶金工业无法与美国和德国的新兴工业（精密电子、计算机科技）国家相比，所以无法以技术带领设计的发展。

英国在设计行业中较有成就的有建筑和室内空间设计。英国皇家

意大利的设计概念来自美国产品的流线型风格，细腻的表面处理创造出一种更为优美、典雅、独特具高度感雕塑感的产品风格，表现出积极的现代感。

建筑师学会（Royal Institute of British Architects）设有世界级的建筑工程管理制度，在行政管理、估价、施工、材料、设计流程、设计法规等方面有系统性的组织。一些早期的设计方法论、设计流程、设计史等设计理论，都是由英国的许多学者着手创始的。英国出现了几位世界级的建筑大师，如设计法国巴黎蓬皮杜中心的 Richard Rogers、设计中国香港上海银行（见图 1.3-75）的 Norman Foster，以及设计德国斯图加现代艺术馆的 James Stirling 等。在产品设计上，英国的设计以传统的皇室风格为他们的设计守则，其特色多为展示视觉的荣耀感、尊贵感。从他们的器皿、家具、服饰都可以看出，精美的手工纹雕形态及曲线和花纹的设计，仍存在保守的作风。到了 20 世纪 80 年代，一些年轻的设计师出现，他们有了新的理念和方法，才渐渐地放下多年来的包袱，开始追求现代科技的新设计。

◎ 图 1.3-75　Norman Foster 设计的中国香港上海银行

4. 意大利设计

意大利在第二次世界大战后的政局稳定，而社会、经济、文化的进步，使工业如雨后春笋般蓬勃。经过短短的半个世纪，其从战争废墟中蜕变成一个工业大国，而它的设计在国家繁荣富强的过程中扮演着重要的角色。1945—1955 年，为奠定意大利现代设计风貌的重要阶段。20 世纪 50 年代，意大利在设计中崛起。由于来自美国的大规

意大利的设计文化与德国设计理念完全相反，意大利人将设计视为文化的传承，其设计的依据完全以本国文化为出发点。

模经济援助与工业技术援助，顺带将美国的工业生产模式引入意大利，进而出现了一系列世界级的设计成果，如汽车设计、时装设计、家具设计、首饰设计等，创造了意大利独特的精巧设计风格，是别的国家无法比拟的。直到今天，众多产业如服装、家具、生活用品、汽车等，意大利设计已经是全世界顶尖设计的代名词。

美国的流线型风格对意大利设计有重大的影响，使意大利的设计通过细腻的表面处理创造出一种更为优美、典雅、独具高度感和雕塑感的产品风格，表现出积极的现代感。意大利多年来盛享设计王国的美名，从流行服饰、居家用品、家具、汽车等，都有惊人的成果，尤其在 20 世纪 70 年代兴起的后现代主义风格，更是独占世界设计流行的鳌头。如 Studio Alchymia 和 Memphis 两个设计工作室创作了许多知名的作品。意大利拥有其他各国所没有的古文化艺术遗产，然而这个具有相当历史意义的国家，因接二连三受到战争的摧残，必须承担接踵而至的家园重建工作。故 1950—1970 年，意大利的设计师便将重建工作中最重要的建筑学推崇为影响工业发展的主要因素（著名设计师有 Ettore Sottsass、Jr.、Paola Navone、Alessandro Mendini、MarioBellini)，以“形随机能”的理念，建立设计产品的特色，开拓更多的海外市场。而意大利许多生活用品在设计时以塑料材料模仿其他材料，发展了独特的美学工业产品风格。如后现代主义风格的意大利阿莱西设计公司（以下简称“阿莱西”），以设计家庭厨房用品闻名于世。他们聘请了许多知名设计师，使用了不锈钢和塑料材料，发展出了有欧洲文化风格的创意商品。

意大利的设计文化与德国设计理念完全相反。意大利人将设计视为文化的传承，其设计的依据完全以本国文化为出发点，所以其设计风格不像德国的理性主义化，为使用几何形状和线条来发展商品的形式。意大利的设计师自理性设计中寻求变化、感性的民族特色，这可以从意大利的汽车充满流线造型和迷人的家具设计中看出，尤其是家具的风格设计，更是意大利的设计专长。意大利的设计风格并未受到太多的现代设计主义影响，其充满了国家的文化特质，以鲜艳的色彩搭配中古时期优雅的线条，仿佛回到了古罗马时代。而在后现代时期著名的阿及米亚（Alchymia）设计群、阿莱西（Alessi）梦工场和梦菲斯（Memphis）设计群，大多为意大利的设计师，他们以颠覆传统设计原则的理念为出发点，设计出令人难以忘怀的前卫性作品，利用大众文化的象征性表现了他们对设计的另类看法和一种对设计的自我想象力。由此可见，意大利的设计与文化是分不开的。

每逢米兰家具展开幕，人们总是期待阿莱西又会带来什么惊人设计。号称“设计引擎”的阿莱西总是不负众望，每一次都以完美的细节和独特的设计理念令众人折服不已。

阿莱西是由铁匠 Giovanni Alessi 在 1921 年创办起来的公司，历经百年的发展，从铸造性、机械性的制造工厂转型成一个积极研究应用美术的创作工厂。它闻名世界的手工抛光金属技艺、繁复的零件组合，至今无人能及。从早期为皇室打造纯银宫廷用品，到波普风格的塑胶生活用品，阿莱西跨越了近一个世纪，记录着当代艺术的精华。历经工艺美术运动、包豪斯运动之后，阿莱西渐渐悟出属于自己的设计理念：在不同的产品类型、风格和价格水平上最杰出的当代设计。成熟理念的形成一方面与阿莱西三代经营者的孜孜以求关系密切，另一方面则要感谢与阿莱西签约的众多知名设计师，他们深刻地领悟了阿莱西的设计理念与设计风格，在结合自我特点的基础上，将每一件作品都制作成一件艺术品，无论大小。一些经典产品如斯蒂凡诺·乔凡诺尼（Stefano Giovannoni）和乔托·凡度里尼（Guido Venturini）设计的“Lttle Man”系列镂空篮子，亚力山卓·麦狄尼（Alessanfro Mendini）设计的 Anna 肖像系列家居用品、菲利浦·斯塔克（Philippe Starck）设计的榨汁机等都已写入了设计学教科书中，成为设计经典范例。如图 1.3-76 ~ 图 1.3-79 所示为阿莱西的经典产品。

◎ 图 1.3-76　菲利浦·斯塔克为阿莱西设计的柠檬榨汁机

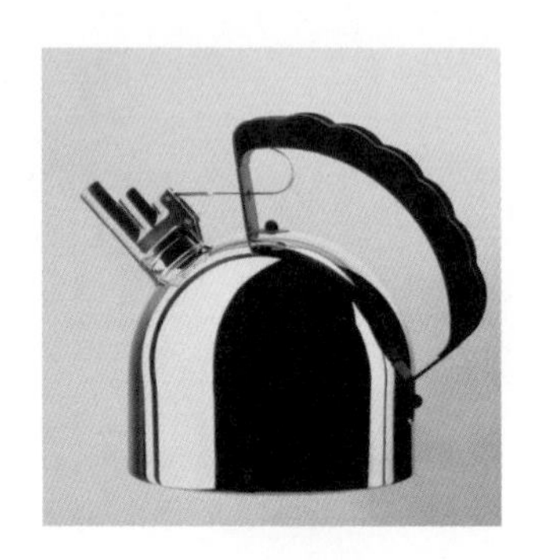

◎ 图 1.3-77　理查德·萨帕为阿莱西设计的会唱歌的开水壶

◎ 图 1.3-78　亚力山卓·麦狄尼为阿莱西设计的 Anna G 男版开瓶器

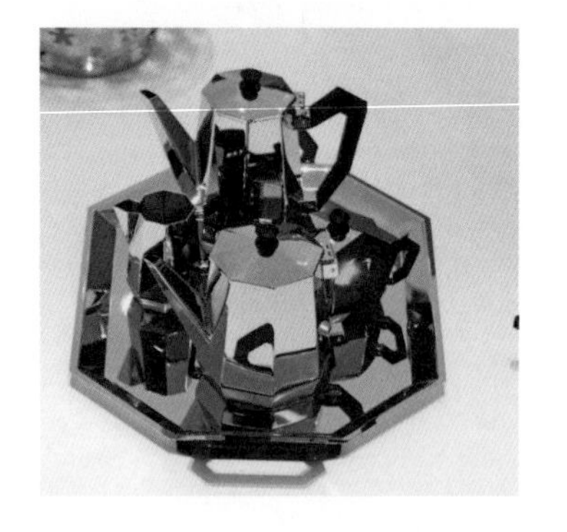

◎ 图 1.3-79　卡洛·阿莱西设计的八边形咖啡壶

在 2011 年的家具展上，阿莱西开始尝试将产品扩展到照明领域，推出了“Alessilux”系列灯泡（见图 1.3-80）。这些形态可爱、富有个性又充满故事的小灯泡立刻受到追捧。

阿莱西一贯的设计风格：注重生活创意，颠覆传统家具，在每件产品背后都蕴含着诗意的感性体验和充满幽默的戏谑趣味。

◎ 图 1.3-80 “Alessilux”系列灯泡

这个系列共包括 10 个灯泡，蕴含着 10 个小故事。名为“U2Mi2”（you too.me too）的机器人小灯泡源自设计师小时候对机器人的喜爱。设计师 Frederic Gooris 说，在他小时候，机器人就是新技术的代言人，是未来美好生活的象征，但是现在他要用这一形象结合 LED 技术来展示社会对可持续性的关注，使用更少的资源维护地球的环境。

而另一款“vienna”小灯则形如维也纳歌剧院吊灯上的一颗水晶，令人想起莫扎特和施特劳斯的音乐（见图 1.3-81）。灯泡的出现为世界带来希望之光。设计师意图通过“vienna”重回灯泡设计的原点，再次赋予灯泡新的造型。该灯泡系列延续了阿莱西一贯的设计风格：注重生活创意，颠覆传统家具，在每件产品背后都蕴含着诗意的感性体验和充满幽默的戏谑趣味。

◎ 图 1.3-81 “vienna”小灯

因此，我们不难看出意大利设计

的发展有其独特的美学面貌与文化风格，其中也保留了传统的文化风貌和精致手工艺，这可以从他们的家具、玻璃和流行设计中看出，在工业设计的功名史上，意大利总算走出自己的风格了。

5. 北欧设计

北欧国家如瑞典、丹麦、芬兰，全部都具有强烈的本土民俗传统，他们非常热衷于追求本土的新艺术风格，并应用于陶瓷、玻璃器皿、家具、纺织品等传统工艺领域。北欧的现代设计展现出了来自大自然的体验。如图 1.3-82 所示为北欧设计的理念。

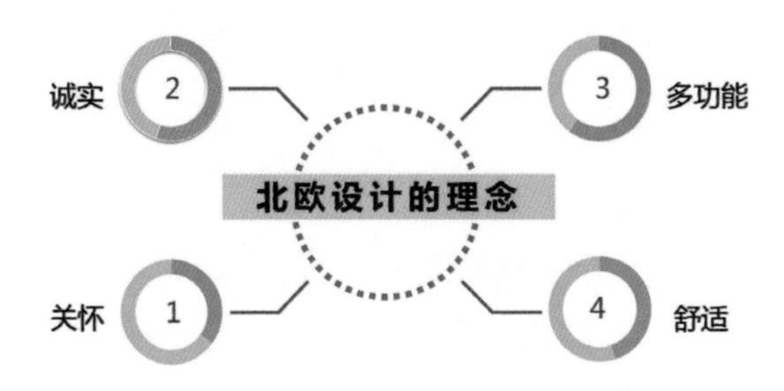


◎ 图 1.3-82　北欧设计的理念

北欧设计风格带有拥抱自然、体贴入微的幸福风味，且设计的作品范围很广，包括超市、地铁站的艺术走廊、美术馆、旅馆和医院等。

“设计的动力来自文化”，是 Volvo 首席平台设计师史蒂夫·哈泼（Steve Harper）对于设计的观点。Volvo 的品牌形象都与安全相关，方方正正、强壮的肩线一再加深消费者对安全的想象。这强烈的风格其实延伸自瑞典的价值观——“以人为本”的设计精神。瑞典讲求均富，国家应该照顾每一个人，也是全世界唯一把国民应该拥有自己的房子写进宪法的国家。Volvo 车企的出发点是希望让处于工业化高潮的瑞典人，能够拥有安全耐用、环保性高的国产车，这是 Volvo 的设计传统，也是传承至今的设计核心价值。如图 1.3-83 所示为 Volvo XC90 2013 款。

◎ 图1.3-83　Volvo XC90 2013 款

设计师Björn Dahlström是瑞典声望最高的设计师之一，他的作品横跨各品类，如杯子、袖扣、BD 系列现代家具等。他为 Playsam 设计了兼具摆设及玩具功能的摇摇兔（见图 1.3-84），可爱的兔子造型、生动的表情、皮革材质的长耳朵，加上 Playsam 一贯抢眼的色彩呈现，为童年回忆中的“玩具木马”做了一番新的诠释，并因此得到了 Excellent Swedish Design 的大奖。充满童趣的设计不但适合小孩，也适合大人收藏。摇摇兔是一款需要自行组装的产品，不但能让您体验亲自动手的乐趣，更能透过自行组装的过程带领孩子学习，并增进亲子感情。

◎ 图1.3-84　摇摇兔

木头小猴（见图 1.3-85）可以说是将木制玩具发挥到极致的设计品，于 1951 年完成，可以摆出各种不同的可爱姿势，可站可坐、可倒挂在树上、吊单杠等，随你的想象来摆设。它采用柚木与林巴榄仁（Limba），由丹麦技术高超的木匠手工制作。可爱的造型加上灵活的肢体变化，在丹麦人心中是知名度最高的“宠物”之一，无论拿来当摆饰还是纯粹把玩，都可以感受到它的魔力。

◎ 图 1.3-85　木头小猴

北欧人不太在意什么是流行，不会紧张竞争对手是否也走这样的设计路线。来自丹麦的设计师 Georg Jensen，成长于哥本哈根北部一片美丽的森林区，大自然是他灵感的沃土，花草、藤蔓、白鸽都是他的创作主题，而有机线条的自然流动、不对称和曲折缠绕，则是他的设计语汇。在他的设计作品里没有细节，只有简单的线条，再加上强调立体、明亮阴影的对比处理，使他的作品呈现一种历久弥新的永恒感（见图 1.3-86）。Georg Jensen 的想法是：“我们走这条路是因为我们相信这样的价值，相信设计的精髓是不花哨、不炫耀的，要寻找、回归到物体及人的本质，这也反映了丹麦人和北欧人的生活态度，这就是我们的根本。”

◎ 图 1.3-86　设计师 Georg Jensen 的作品

宜家品牌始终与提高人们的生活质量联系在一起，并秉承“为尽可能多的顾客提供他们能够负担、设计精良、功能齐全、价格低廉的家居用品”的经营宗旨。

北欧的设计师秉持着天时、地利的优良条件，开创了独特的自然风格，也为设计界立下了绿色与环保的典范。

瑞典人的骄傲就是宜家家居，用家具输出北欧式的生活美学。宜家家居于1943年创建于瑞典，“为大多数人创造更加美好的日常生活”是宜家公司一直努力的方向。宜家品牌始终与提高人们的生活质量联系在一起，并秉承“为尽可能多的顾客提供他们能够负担、设计精良、功能齐全、价格低廉的家居用品”的经营宗旨。在提供种类繁多、美观实用、老百姓买得起的家居用品的同时，宜家努力创造以顾客和社会利益为中心的经营方式，致力于环保及社会责任问题。今天，瑞典宜家集团已成为全球最大的家具家居用品商家，销售主要包括座椅/沙发系列、办公用品、卧室系列、厨房系列、照明系列、纺织品、炊具系列、房屋储藏系列、儿童产品系列等约上万个产品。

在产品营销方面，宜家紧跟互联网科技发展的步伐，除了传统的实体店营销模式，还建立了自己的官网，并使用了最新的App营销和微信交流手段（见图1.3-87）。

◎ 图1.3-87　宜家的App营销和微信

丹麦进入现代设计的时间晚于瑞典，但是到了 20 世纪 50 年代，丹麦室内设计、家庭用品和家具设计、玻璃制品、陶瓷用具设计等，都达到了瑞典的水平。他们的设计在第二次世界大战后非常流行，尤其是家具设计，结合工艺手法的诚实性美学与简洁的设计受人赞叹，设计作品的表现大量使用木材的自然材料，表现了师法自然、朴实的特殊风格。

### 6. 日本设计

日本的设计艺术特点如图 1.3-88 所示。

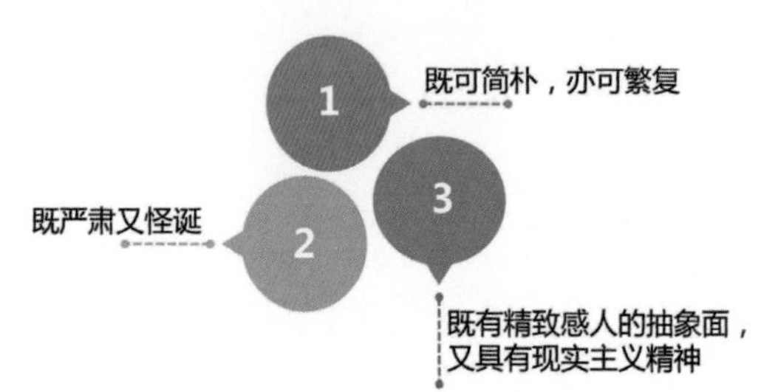


◎ 图 1.3-88　日本的设计艺术特点

从日本的设计作品中，似乎看到了一种静、虚、空灵的境界，深深地感受到一种东方式的抽象。与意大利同为第二次世界大战的战败国，日本在第二次世界大战以后进行重建。由于日本是一个岛国，自然资源相对贫乏，出口便成了它的重要经济来源。此时，设计的优劣直接关系到国家的经济命脉，以致日本设计受到政府的关注。

日本的设计以其特有的民族性格，发展出了属于自己的特殊风格。他们能对国外有益的知识进行学习，并融会贯通。日本的传统中有两个因素使它的设计往正确的方向走（见图 1.3-89）。

◎ 图 1.3-89　促使日本设计往正确方向走的两个因素

原研哉以纯真、简朴的意念提升了无印良品简约、自然、富有质感的生活哲学，提供给消费者简约、自然、基本，且质量优良、价格合理的生活相关商品，不浪费制作材料并注重商品环保问题，以持续不断地提供具有生活质感的商品。

日本设计师善于和本国的文化相结合。例如，福田繁雄是日本当代的天才平面设计家，他总是弃旧图新，开启了新概念的设计风格。原研哉以纯真、简朴的意念提升了无印良品简约、自然、富有质感的生活哲学，提供给消费者简约、自然、基本，且质量优良、价格合理的生活相关商品，不浪费制作材料并注重商品的环保问题，以持续不断地提供具有生活质感的商品。如图 1.3-90 所示为原研哉的作品《白金》。

◎ 图1.3-90　原研哉的作品《白金》

另一位设计大师深泽直人为无印良品设计的挂壁式 CD 播放器，已经成为一个经典（见图 1.3-91 与图 1.3-92）。他不但延续了“少即是多”的现代精神，在他的作品中你还能找到一种属于亚洲人的宁静优雅；他喜欢放弃一切矫饰，只保留事物最基本的元素，这种单纯的美感却更加吸引人，并系统地将各种创意、革新融会贯通。

◎ 图1.3-91　深泽直人为无印良品设计的挂壁式 CD 播放器

◎ 图1.3-92　深泽直人为无印良品设计的 2013 款挂壁式播放器

日本的工业设计历史源于第二次世界大战后，最早由一群工艺家和艺术家开始，他们使用简单的机器设备，制作一些家用品。到了1950年，日本渐渐有了自己的设计风格，并且可以大量地销售商品到国外。他们以传统文化为根基，开发现代化的新工商业契机，并不断地学习西方国家的优点。先以欧洲各国的设计为其学习的对象，并从中研发更新的技术，由模仿到创新、由创新到发明，使日本跃升为世界七大工业国之一，使其设计渐渐地达到国际水平。日本的设计也采用了意大利文化直觉的美学，不像英国那样因为执着于工业技术，仍然以怀疑的眼光，不能接受新文化直觉的美学，而导致设计出的产品无法获得大众的喜欢。日本的模仿与学习的价值观，使日本在设计领域占有一席之地。由于其与民族性的结合，使日本的产品活跃于国际舞台，特别是在电子商品与汽车工业方面。

20世纪70年代的日本，工业化高速发展，使得大批各具特性的新设计产品诞生。短短不到50年，日本的设计已真正跨上了国际设计的舞台，名扬世界，无论在建筑、工业产品、家电产品、生活用品、视觉媒体或者包装设计上，都有其特色。日本人的设计理念来自意大利，以知觉和美学的人性文明为发展基础。日本人的民族意识很强，设计重建从基础科技引导开始，以相当严谨的态度处理各种设计问题。质量就是他们的精神标杆，尤其在家电产品设计上，其产品的市场是全球化的。世界著名的日本家电公司索尼更是以一台随身听（Walkman，1979年，见图1.3-93）改写了整个世界的家电历史，使随身听产品在一夜之间深受年轻人的青睐。

◎ 图1.3-93　索尼的随身听

20世纪80年代后期，日本产品更是东方文化的主要代表，其卡通动画、电玩产品、家电产品和玩具（电子宠物，见图 1.3-94）带动了全球的流行走向，不得不让科技强国如美国、德国、法国等西方国家另眼相看。

◎ 图 1.3-94　电子狗

优良完整的管理系统是日本设计整合的精神，无论是在科技的发展还是文化的保持上，日本人都不遗余力。所以日本的各种设计产物都保有相当周到的设想，使其产品的推出，不只是考虑到市场的远景，也考虑到产品的生命力，其管理系统整合了技术的规格化与文化艺术的自由创意，使设计的商品真正达到了所需的“科技美学”的概念。

已故日本设计大师柳宗理（见图 1.3-95）将民间艺术的手作温暖融入冰冷的工业设计中，是日本现代工业设计的奠基人之一，也是较早获得世界认可的日本设计师。

◎ 图 1.3-95　柳宗理

1915 年出生于东京的柳宗理是第一批被西方认同并载入设计史的亚洲人，他的经典设计“蝴蝶凳”是西方科技与亚洲文化完美结合的里程碑式的象征。此作品出现于第二次世界大战后日本经济重建的时代背景中。在拜访设计大师 Eames 夫妇的工作室后，柳宗理对其“压模夹板”的技术印象深刻，遂使用这种技术设计了蝴蝶凳，由山形县的天童木工生产。1957 年，蝴蝶凳（见图 1.3-96）与他的白瓷器等作品在世界最重要的当代设计博物馆之一——“米兰三年会展中心”展出，并获得第 11 届米兰设计展金奖，令他自此跃上国际舞台。

◎ 图 1.3-96　蝴蝶凳

柳宗理认为，美不是被制造出来的，而是浑然天成的。他设计的用具带有含蓄的美，它们不着痕迹地融入你的生活，你越是使用，越能发觉它们悠长的意味。

柳宗理认为，美不是被制造出来的，而是浑然天成的。他设计的用具带有含蓄的美，它们不着痕迹地融入你的生活，你越是使用，越能发觉它们悠长的意味，这份含蓄与传统日本民艺的美感相一致。民艺不出于任何知名艺匠之手，只是为一般的日常用途而制造，但民艺之美正存在于这几乎没有刻意的造作与修饰之中，因其朴实无华故而能够真正贴近人的需求与生活的最本真面目。

“设计的本质是创造”，而“传统本身即来自创造”。在柳宗理看来，好的设计脱离传统是不可想象的，他的设计都带着本民族的美学，不断从本民族的根源文化吸收养分。“真正的设计要面对现实，迎接时尚、潮流的挑战”。他从民间工艺中汲取美的源泉，反思“现代化”的真正意义，将西方的现代主义与东方的淡然含蓄完美地融为一体。他的很多作品仍然非常时尚、现代，摆脱了“民艺＝过时”的刻板形象。如图 1.3-97 所示为柳宗理的作品。

◎ 图 1.3-97　柳宗理的作品

### 7. 韩国设计

韩国产品逐渐在世界设计舞台占有一席之地，如三星、LG、现代重工业等。韩国在服装、汽车、消费电子产品方面的设计，已经能够自己经营、规划品牌及营销。

韩国政府于 1993—1997 年全面实施了工业设计振兴计划，韩国的本土设计师和设计公司的数量因此呈现爆炸式的增长，5 年间设计专业的毕业生增长了一倍之多，也促使中小企业对设计方面加大了投资。韩国设计能够提升起来，设计振兴院扮演了非常重要的角色。设计振兴院是韩国中央政府下属的官方机构，它接受政府预算来推动韩国整体的设计意识和能力。设计振兴院致力于发展韩国的设计基础设施，建立了一个数据库，为设计信息交流提供了基础平台。为了确立 21 世纪韩国设计在国际上的地位，设计振兴院还推动了国际间的交流与合作。1993—2007 年，它总共推动了三次工业设计振兴计划，其中一次是历经 1997 年亚洲金融风暴，韩国的企业面临转型，必须提升设计的质量而不仅止于量的增加。

以韩国生产信息科技产品最大量的三星公司为例。三星公司是亚洲第一家能够善用设计力量成功跻身世界一流国际化企业的代表，其强调不断创新、讲究效率的西方管理风格。

分析指出，三星电子智能手机市场份额在全球持续的领先地位，为其品牌价值的提升带来了强大的推动力。

智能手机已成为现代人的生活必需品，而市面上的智能手机品牌多如牛毛。三星凭借敏锐的洞察力，深入发掘用户需求，2019 年发布的三星 Galaxy Fold 可折叠屏手机（见图 1.3-98）采取独特的翻折式设计，将手机屏幕拓展到了 7.3 英寸（约 18.5 厘米），对折内屏，背部还拥有一块 4.7 英寸（约 11.9 厘米）的屏幕。考虑到有些用户可能会反复翻折屏幕，用以减轻工作与生活的压力，三星给背面和转轴增加了多种色彩，帮助用户在减压的同时，间接地展示机主的品位。

◎ 图1.3-98　三星 Galaxy Fold 可折叠屏手机

# 第 2 章

# 工业设计流程

一般来说，设计有三个基本的程序：一是构思过程——设计创作的意识，即为何创造、怎样创造；二是行为过程——使自己的构思成为现实并最终形成实体；三是实现过程——在作品的消费中实现其所有价值。在整个设计过程中，设计师需要始终站在委托方与受众之间，为实现社会价值与经济目标而工作。按照时间顺序，设计从立项到完成一般经过如图 2.0-1 所示的 4 个主要阶段。

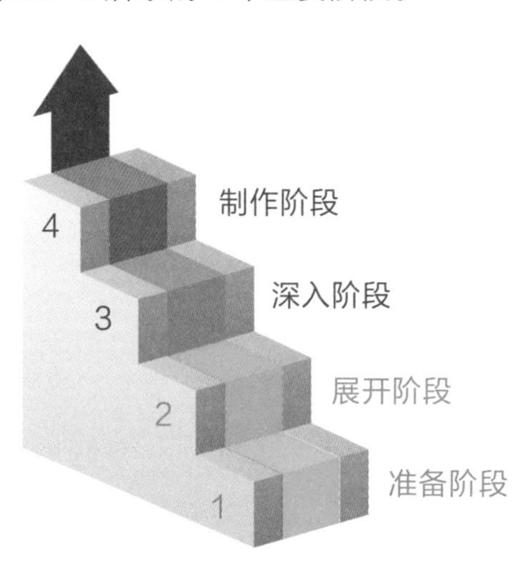


◎ 图 2.0-1　设计的 4 个主要阶段

### 1. 设计的准备阶段

这是一切设计活动的开始。这一阶段可以分为“接受项目，制订计划”与“市场调研，寻找问题”两个步骤。设计师先接受客户的设计委托，然后由委托方、设计师、工程师及有关专家组建项目团队，并且制订详细的设计计划。“市场调研，寻找问题”是所有设计活动开展的基础，任何一个好的设计都是根据实际需要与市场需求而诞生的。

### 2. 设计的展开阶段

这一阶段可分为两个步骤，“分析问题，提出概念”与“设计构思，解决问题”。前者是在前期调研的基础上，对所收集的资料进行分析、研究、总结，运用设计思维方法，发现问题的所在。“设计构思，解决问题”是在设计概念的指导下，把设计创意加以确定与具体化，对提出的问题做出各种解决方案。这个阶段是设计中的草图阶段。

### 3. 设计的深入阶段

这一阶段可分为设计展开与优化方案两个步骤。前者是指对构思阶段中所产生的多个方案进行比较、分析、优选等工作，后者是指在设计方案基本确定后，再通过样板进行细节的调整，同时进行技术可行性分析。

### 4. 设计的制作阶段

这是设计的实施阶段，在这个阶段中要进行“设计审核，制作实施”和“编制报告，综合评价”两个步骤的工作。

设计的准备阶段又可称为“设计理解”阶段，设计的展开和深入阶段又可称为“设计构思”阶段，设计的制作阶段又可称为“设计执行”阶段。

# 2.1 设计理解

## 2.1.1 制定

### 1. 设计项目制定的内容

设计项目制定包括如图 2.1-1 所示的 10 项内容。

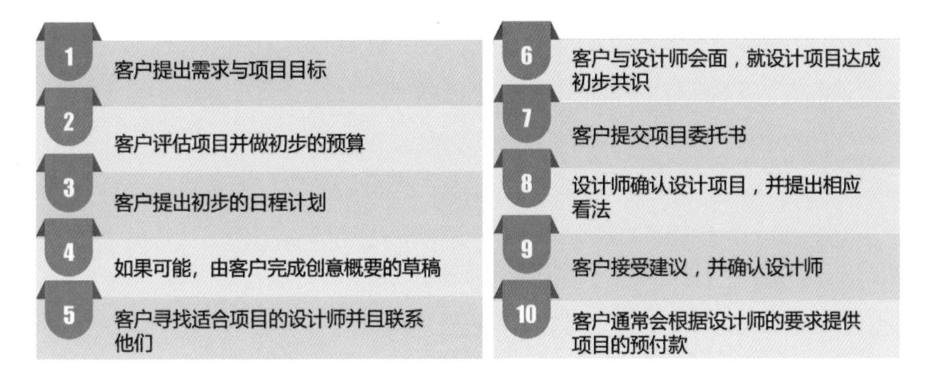


◎ 图 2.1-1 设计项目制定的 10 项内容

### 2. 设计项目制定阶段的目标

这一阶段的主要目标如图 2.1-2 所示。

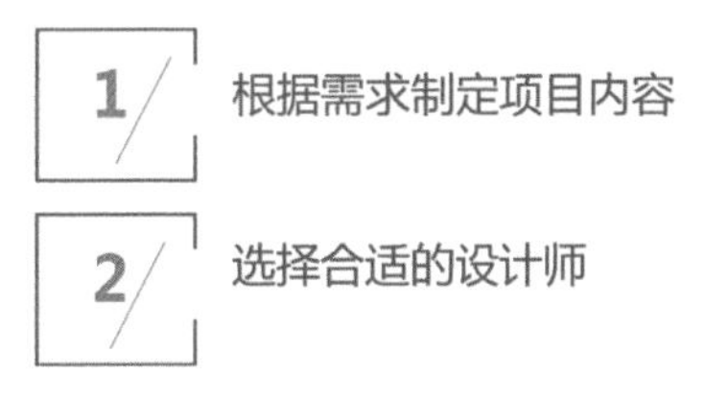


◎ 图 2.1-2 设计项目制定阶段的目标

## 2.1.2 研究

### 1. 设计项目研究的内容

对设计项目进行研究的内容如图 2.1-3 所示。

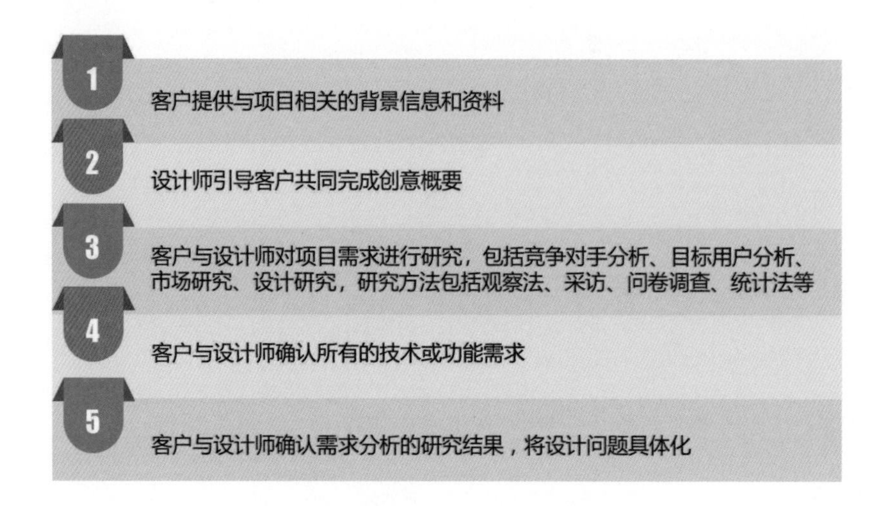


◎ 图 2.1-3　设计项目研究的内容

### 2. 设计项目研究阶段的目标

这一阶段的目标如图 2.1-4 所示。

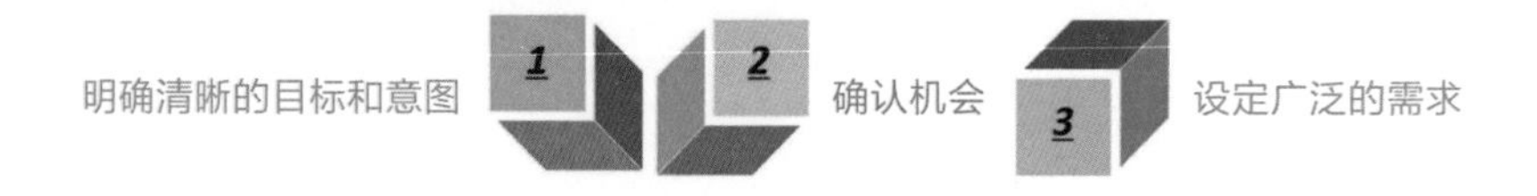


◎ 图 2.1-4　设计项目研究阶段的目标

# 2.2　设计构思

## 2.2.1　战略

### 1. 设计项目战略的内容

设计项目战略包括如图 2.2-1 所示的 8 项内容。

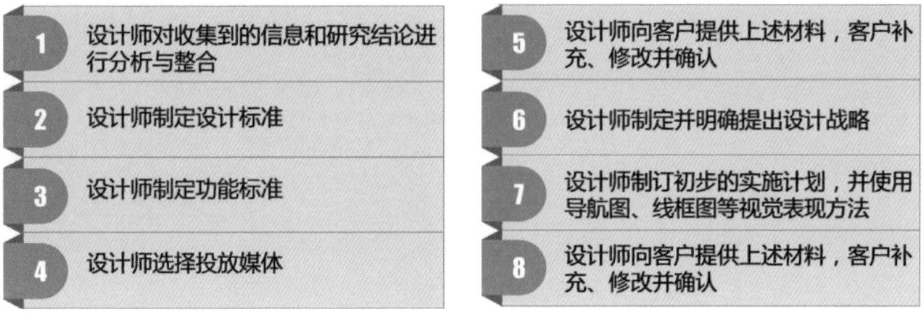

1
设计师对收集到的信息和研究结论进行分析与整合
2
设计师制定设计标准
3
设计师制定功能标准
4
设计师选择投放媒体
5
设计师向客户提供上述材料，客户补充、修改并确认
6
设计师制定并明确提出设计战略
7
设计师制订初步的实施计划，并使用导航图、线框图等视觉表现方法
8
设计师向客户提供上述材料，客户补充、修改并确认

◎ 图 2.2-1　设计项目战略包含的内容

### 2. 设计项目战略阶段的目标

这一阶段的目标如图 2.2-2 所示。

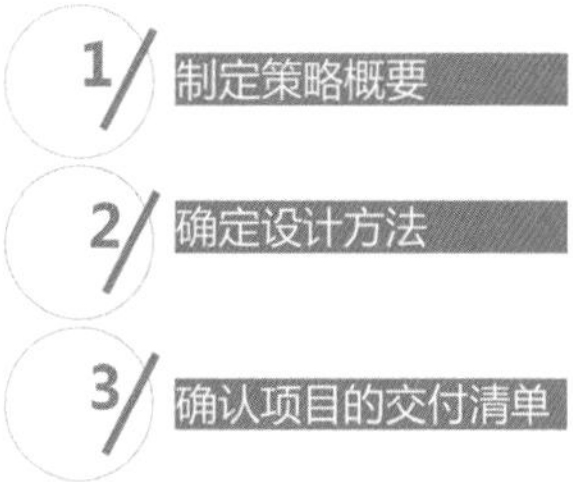

1/
制定策略概要
2/
确定设计方法
3/
确认项目的交付清单

◎ 图 2.2-2　设计项目战略阶段的目标

## 2.2.2　探索

### 1. 设计项目探索的内容

设计项目探索的内容如图 2.2-3 所示。

1
设计师根据客户确认的设计战略来完成概念设计
2
设计师的构思过程可以包含以下形式：草图 / 图示 / 手稿、故事板、流程图、情景板 / 主题板、外观和情感、概念模型
3
设计师向客户提供上述材料，客户补充、修改并确认
4
客户理解、分析概念方向以形成明确的项目目标
5
通常设计师会提供多个设计概念以供比较与选择，然后选择其中一组概念，进一步提炼与深化

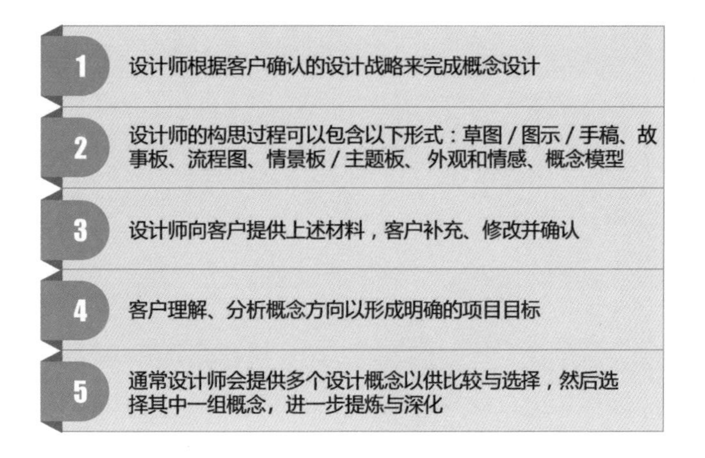

◎ 图 2.2-3　设计项目探索的内容

2. 设计项目探索阶段的目标

这一阶段的目标如图 2.2-4 所示。

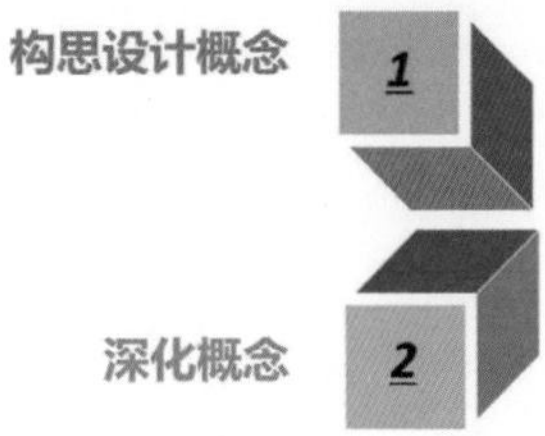

构思设计概念 1

深化概念 2

◎ 图 2.2-4　设计项目探索阶段的目标

## 2.2.3　发展

1. 设计项目发展的内容

设计项目发展的内容如图 2.2-5 所示。

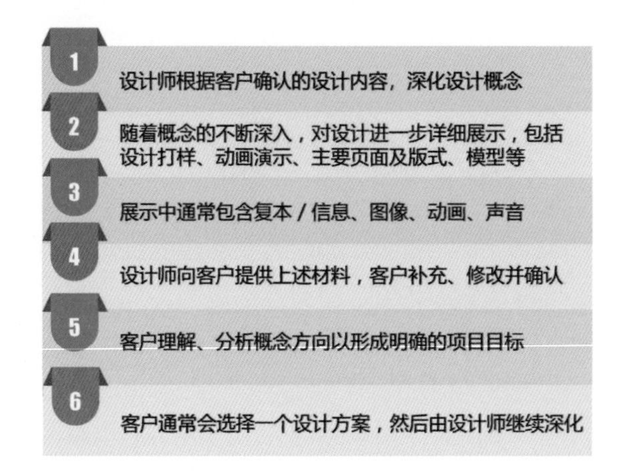


◎ 图 2.2-5　设计项目发展的内容

2. 设计项目发展阶段的目标

这一阶段的目标如图 2.2-6 所示。

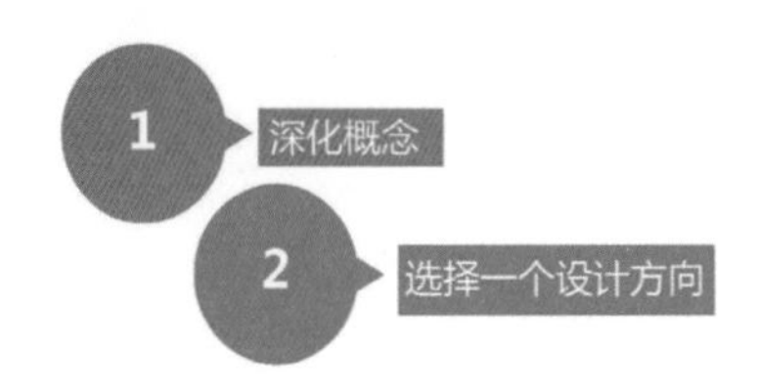


◎ 图 2.2-6　设计项目发展阶段的目标

### 2.2.4 提炼

#### 1. 设计项目提炼的内容

设计项目提炼的内容如图 2.2-7 所示。

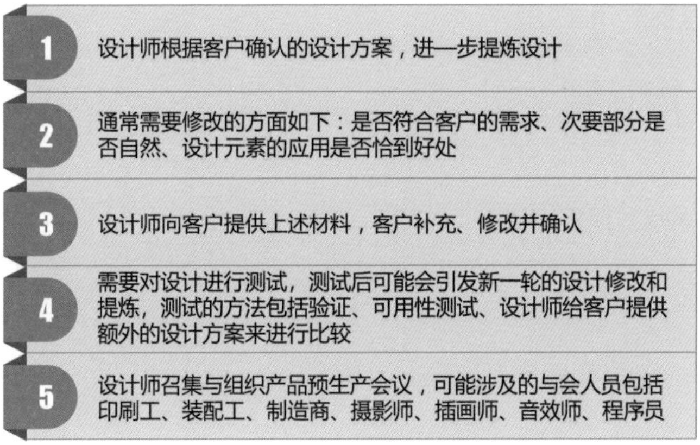

1 设计师根据客户确认的设计方案，进一步提炼设计

2 通常需要修改的方面如下：是否符合客户的需求、次要部分是否自然、设计元素的应用是否恰到好处

3 设计师向客户提供上述材料，客户补充、修改并确认

4 需要对设计进行测试，测试后可能会引发新一轮的设计修改和提炼，测试的方法包括验证、可用性测试、设计师给客户提供额外的设计方案来进行比较

5 设计师召集与组织产品预生产会议，可能涉及的与会人员包括印刷工、装配工、制造商、摄影师、插画师、音效师、程序员

◎ 图 2.2-7　设计项目提炼的内容

#### 2. 设计项目提炼阶段的目标

这一阶段的目标主要是通过最终的设计方案。

## 2.3 设计执行

### 2.3.1 准备

#### 1. 设计项目执行准备的内容

设计师根据最终的设计方案，着手实现设计。不同的投放媒体包含相应的关键因素，具体如图 2.3-1 所示。

1. **印刷品**
   排版、印刷技术、文本格式、制版、后期装订
2. **网页**
   网站构架、操作流程、页面内容、页面版式、平面元素、程序、测试
3. **视频**
   脚本、动画制作、拍摄现场指导、编辑、后期制作、制片
4. **环境**
   规格、最终效果、3D数码空间模型、生产准备、管理技术团队
5. **包装**
   高分辨率文档、尺寸与规格、色彩矫正、结构

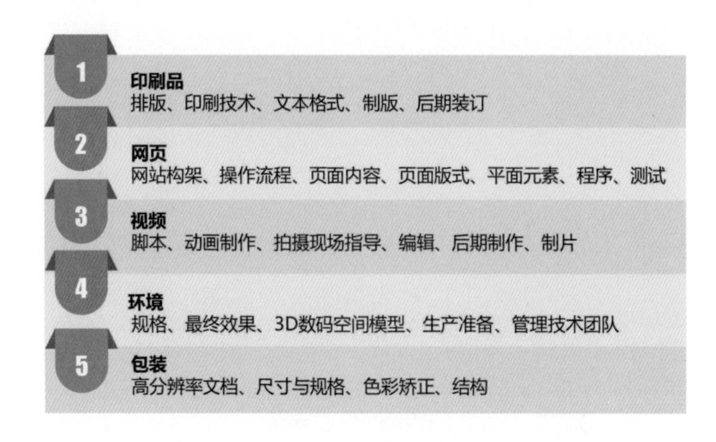

◎ 图 2.3-1　设计项目执行准备的投放媒体

### 2. 设计项目执行准备阶段的目标

这一阶段的两个目标如图 2.3-2 所示。

1. 试生产
2. 准备好生产时要用到的材料

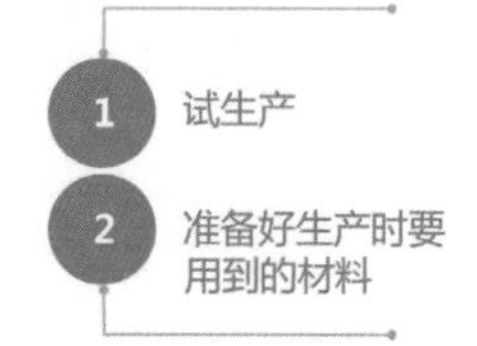

◎ 图 2.3-2　设计项目执行准备阶段的目标

## 2.3.2　生产

### 1. 设计项目生产的内容

设计项目生产包含的 3 项内容如图 2.3-3 所示。

1. 根据项目和投放媒体的需要，设计师会将产品的数据资料交给其他专业人士处理。尽管这些专业人士有责任根据生产要求严格制造和批量生产，但是设计师也有义务监督其工作。这些专业人士包括分拣工 / 印刷工、装配工、制造商、工程师 / 程序员，媒体包括广播、网络、现场直播
2. 上述人员及工作可能由设计师来监督与管理，也可能由客户来直接管理
3. 潜在的维护工作，特别是网页的维护，可能是项目的一部分，但也可能作为另外一个独立的项目

◎ 图 2.3-3　设计项目生产包含的内容

### 2. 设计项目生产阶段的目标

这一阶段的两个主要目标如图 2.3-4 所示。

◎ 图 2.3-4　设计项目生产阶段的目标

## 2.3.3　完成

### 1. 设计项目完成阶段的内容

如图 2.3-5 所示的 4 项工作内容的完成，标志着设计项目的最终完成。

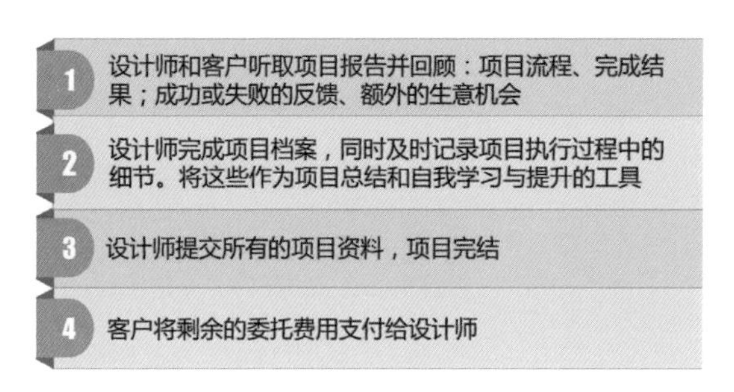


◎ 图 2.3-5　设计项目完成阶段的内容

### 2. 设计项目完成阶段的目标

这一阶段的目标如图 2.3-6 所示。

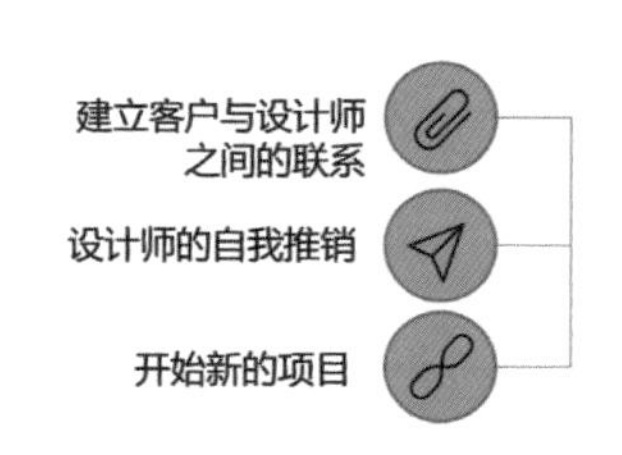


◎ 图 2.3-6　设计项目完成阶段的目标

# 2.4 案例：飞利浦设计中心的工作流程

飞利浦设计中心（以下简称飞利浦）是直接由飞利浦公司总部负责的，中心内部设有若干个小组，每个小组都由高水平的专业设计师组成，小组中的研究和设计专题由管理总部下达，保持与公司的研究目标一致。

它有几个技术支持部门，包括模型制作、资料分析、信息收集和计算机设计。除此之外，公司的市场研究部门、消费心理研究部门也为设计工作提供资料和技术支持。

飞利浦的设计流程大致包括如图 2.4-1 所示的 6 个主要步骤。

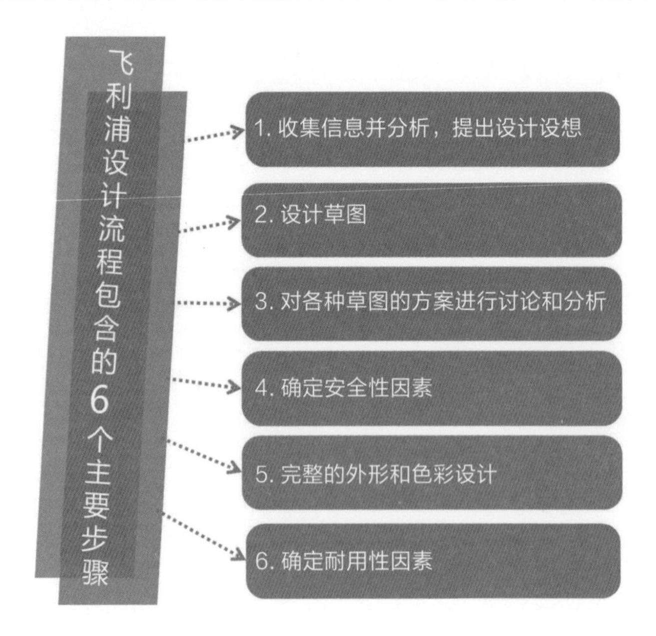


◎ 图 2.4-1　飞利浦设计流程包含的 6 个主要步骤

## 1. 收集信息并分析，提出设计设想（见图 2.4-2）

对于设计师而言，信息的收集，以及对其进行详细的分析，是产生正确指导思想的重要方法。

对于信息收集，我们可以有很多途径，从客户那里可以得到生产及现状的分析；走进市场可以很好地了解产品的销售痛点及市场反馈；让消费者体验产品，搜集真实的用户体验。飞利浦常用的分析方法就是WWWWWH。

◎ 图 2.4-2
收集信息并分析，提出设计设想

2. 设计草图（见图 2.4-3）

草图是设计师发散思维，记录灵感的重要手段。其实每个设计师的草图不一定都需要达到大师级别，但要能够将自己的想法快速、准确地表达出来，以方便设计团队进行讨论。

3. 对各种草图和方案进行讨论和分析（见图 2.4-4）

在方案讨论和分析及设计执行中，都必须考虑产品的系列化、符合企业总体形象、标准化等问题。

◎ 图 2.4-3　设计草图

◎ 图 2.4-4　对各种草图和方案进行讨论和分析

### 4. 确定安全性因素（见图 2.4-5）

安全是任何一个有责任感的品牌都应该考虑的事情。飞利浦开发的医院呼吸面罩系列能够快速配合治疗，并有利于皮肤保护策略的执行，可以保证成人与儿童轻松佩戴面罩，有助于患者舒适自如地活动。

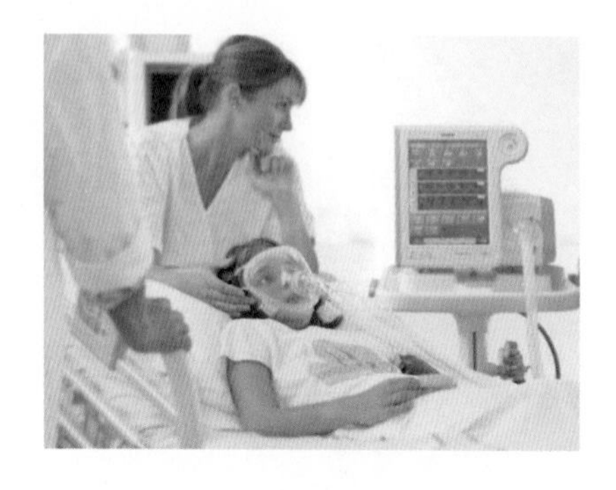

◎ 图 2.4-5　确定安全性因素

### 5. 完整的外形和色彩设计

这是重要的设计执行阶段。在这个阶段不仅要考虑产品外形的完整性，也要考虑产品色彩在设计中的重要性。如图 2.4-6 所示为飞利浦开发的新安怡储存杯。

◎ 图 2.4-6　飞利浦开发的新安怡储存杯

### 6. 确定耐用性因素

耐用性因素是飞利浦开发的产品质量总是那么坚实耐用的秘诀所在。

飞利浦 LED 已经扩展为一整套包含多种照明模组的解决方案。例如，Green Power 系列产品（见图 2.4-7）是专门为园艺生产设计研发的。除了质量稳定可靠，Green Power 系列的 LED 产品还具有长寿命、高效热管理、高效率、

◎ 图 2.4-7
Green Power 系列产品

防水、防尘等特性，并能够针对每个具体应用案例研发出最适合、最持久的照明方案。

以上每个阶段的工作都是采用小组联合研究方式进行的，在整个工作过程中，每个设计师都与小组的其他工作人员保持连续的讨论和研究，进行反复的交流，目的是集思广益，避免因个人偏见造成误差。

# 第 3 章

# 设计调研

设计调研是设计活动中的一个重要环节，通过调研可广泛收集资料并进行分析研究，得到较为科学的设计项目定位。设计调研一般由设计师或专门的调研机构完成，设计师必须了解调研的过程，并能对结果进行深入分析。调研结果反映的基本上是短期内的情况，而设计思维需要具备一定的超前性才能把握设计的正确方向。设计师要利用调研结果，但不能被调查数据和调查结论禁锢了头脑。

## 3.1 设计调研的内容

### 1. 市场情况调查

市场情况调查是对设计服务对象的市场情况进行全面调查研究的过程，包括如图 3.1-1 所示的 3 项内容。

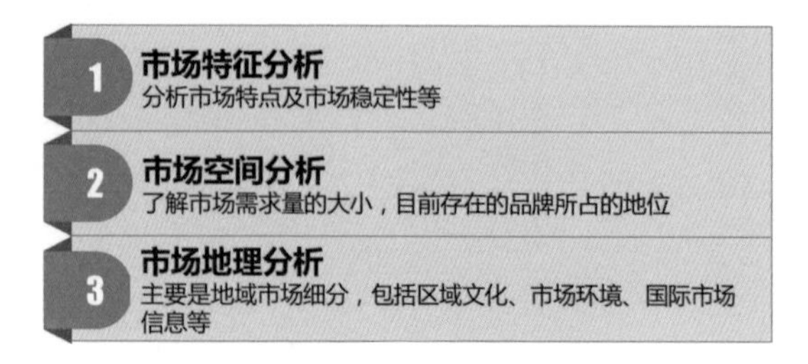


◎ 图 3.1-1　市场情况调查的内容

设计调研是设计活动中的一个重要环节，通过调研可广泛收集资料并进行分析研究，得到较为科学的设计项目定位。

由于文化影响着道德观念、教育、法律等，对某一市场区域的文化背景进行调研时，一定要重视对传统文化特征的分析，并利用它创造出新的市场机会。

## 2. 消费者情况调查

如图 3.1−2 所示为消费者情况调查的两项内容。

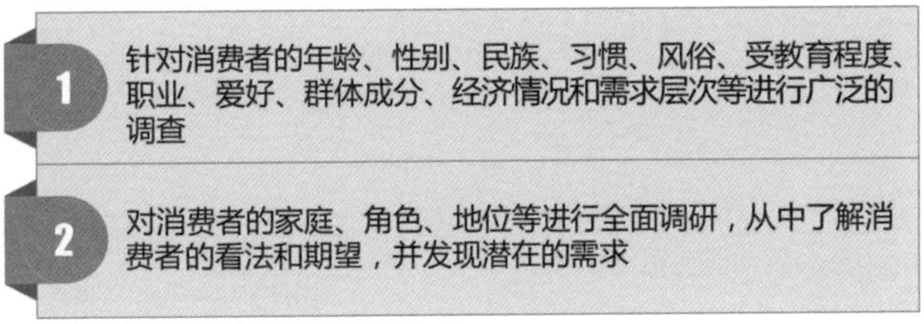

1
针对消费者的年龄、性别、民族、习惯、风俗、受教育程度、职业、爱好、群体成分、经济情况和需求层次等进行广泛的调查
2
对消费者的家庭、角色、地位等进行全面调研，从中了解消费者的看法和期望，并发现潜在的需求

◎ 图 3.1−2　消费者情况调查的内容

## 3. 相关环境情况调查

如图 3.1−3 所示为相关环境情况调查的 4 项内容。

1
经济环境
2
社会文化环境
3
自然条件环境
4
政治环境

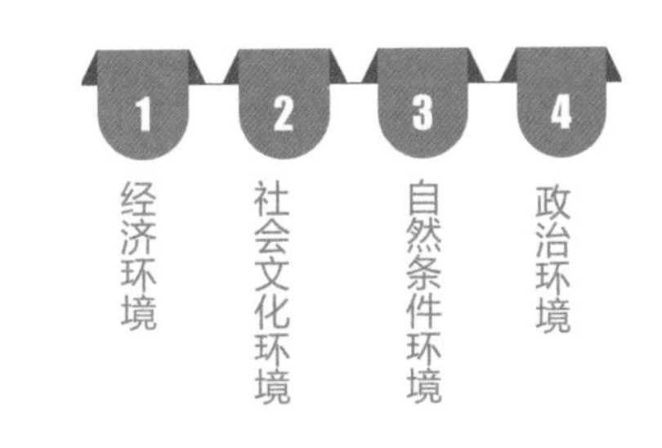

◎ 图 3.1−3　相关环境情况调查的内容

消费者的购买行为受到一系列环境因素影响，我们要对市场相关环境如经济环境、社会文化环境、自然条件环境和政治环境等进行调查。由于文化影响着道德观念、教育、法律等，对某一市场区域的文化背景进行调研时，一定要重视对传统文化特征的分析，并利用它创造出新的市场机会。

## 4. 竞争对手情况调查

如图 3.1−4 所示为竞争对手情况调查的两项内容。

1/

**对相关竞争对手的情况调查**
企业文化、规模、资金、技资、成本、效益、新技术、新材料的开发情况，以及利润和公共关系

2/

**有相当竞争力的同类产品的情况调查**
性能、材料、造型、价格、特色等，通过调查发现它们的优势所在

◎ 图 3.1-4　竞争对手情况调查的内容

# 3.2　设计调研的步骤

设计调研的步骤主要有确定调查目标、实施调查计划、整理资料、提出调研结果及分析报告等阶段，具体包括如图 3.2-1 所示的 7 个步骤。

|  |  |
| --- | --- |
| 1 | 确定调查目标，按照调查内容分门别类地提出不同角度和不同层次的调查目标，其内容要尽量具体地限制在少数几个问题上，避免大而空泛的问题出现 |
| 2 | 确定调查的范围和资料来源 |
| 3 | 拟订调查计划表 |
| 4 | 准备样本、调查问卷和其他所需材料，按计划安排，并充分考虑调查方法的可行性与转换性因素，做好调查工作前的准备 |
| 5 | 实施调查计划，依据计划内容分别进行调查活动 |
| 6 | 整理资料，此阶段尊重资料的“可信度”原则十分重要，统计数字要力求完整和准确 |
| 7 | 提出调研结果及分析报告，要注意针对调查计划中的问题进行回答，文字表述要简明扼要，最好有直观的图示和表格，并且要提出明确的解决意见和方案 |

◎ 图 3.2-1　设计调研的步骤

调研方法在设计项目确认阶段极其重要，能否科学并且恰当地运用调研方法，将对整个设计项目的准确定位产生十分重要的影响。

情境地图：一种以用户为中心的设计方法，它将用户视为“有经验的专家”，并邀其参与设计过程。用户可以借助一些启发式工具描述自身的使用经历，从而参与到产品设计和服务设计中。

## 3.3 设计调研的常用方法

调研方法在设计项目确认阶段极其重要，能否科学并且恰当地运用调研方法，将对整个设计项目的准确定位产生十分重要的影响。

### 3.3.1 情境地图

情境地图是一种以用户为中心的设计方法，它将用户视为“有经验的专家”，并邀其参与设计过程。用户可以借助一些启发式工具描述自身的使用经历，从而参与到产品设计和服务设计中。如图 3.3-1 所示为用户用绘画故事的方式描述自身的使用经历。

当处理多个字符时……尝试对它们进行逻辑分组，通过简化而变得更为容易。

例如……

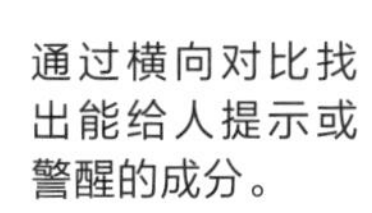

通过横向对比找出能给人提示或警醒的成分。

注意人物架构，不要为了拍摄就把人物放在一起，让布局更开阔。

◎ 图 3.3-1 用户用绘画故事的方式描述自身的使用经历

（1）情境是指产品或服务被使用的情形和环境。所有与产品使用体验相关的因素皆是有价值的，这些因素包含社会因素、文化因素、物理特征，以及用户的内心状态（感觉、心境等）。

（2）情境地图暗示了所取得的信息应该作为设计团队的设计导图。它能帮助设计师找到设计的方向、整理所观察到的信息、认识到困难与机会。情境地图只能启发设计灵感，不能用于论证设计结果。

### 1. 何时使用

在设计项目概念生成之前使用情境地图的效果最佳，因为此时依然有极大的空间来寻找新的市场机会。除能深入洞悉目标项目之外，使用情境地图还能得到其他诸多有助于设计的结果，如人物角色、创新策略、对市场划分的独到见解和有利于其他创新项目的原创解读等。情境地图运用了多种启发式工具，以便用户能在有趣的游戏中描述自己的使用经历，也能让用户更关注自己的使用经历。用户需要绘制一张产品或服务的使用情境图，以帮助他们表达使用该产品的目标、动机、意义、潜在需求和实际操作过程。对情境地图的研究能帮助设计师从用户的角度思考问题，并将用户体验转化成所需的产品设计方案。

### 2. 如何使用

设计师在组织情境地图讨论会议之前，应首先以参与者的身份加入其中，体验其中的各种流程及意义。如此，才能在自己组织的会议中更好地与参与者进行互动，也能确保自己在情境地图讨论会议之前做好充分的计划和准备。否则，在寻找参与者、约定时间与地点、准备启发式工具时，可能会遇到麻烦。

### 3. 情境地图设计的使用流程（见图 3.3-2）

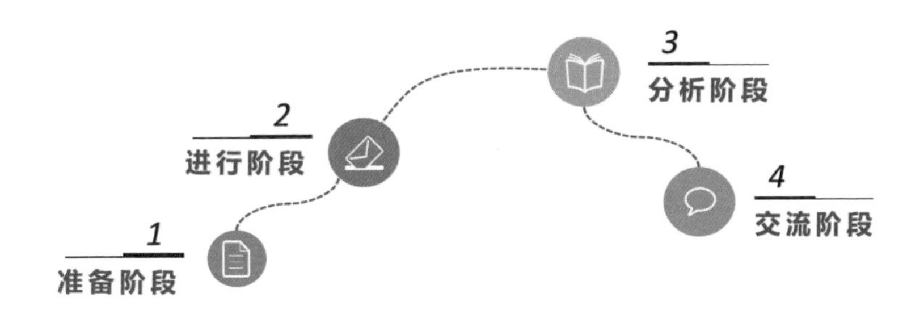


◎ 图 3.3-2　情境地图设计的使用流程

#### 1）准备阶段

（1）定义主题并策划各项活动。

（2）绘制一份预先构想的思维导图。

（3）进行初步研究。

（4）在讨论会议前一段时间内给参与者布置家庭作业，以增加他们对讨论主题相关信息的敏感度。这样做还可以引导参与者细心观察自己的生活并留意使用产品或服务的经验，从而反馈到讨论的主题中。这里可以使用文化探析方法。

#### 2）进行阶段

（1）用视频或音频记录整个会议过程。

（2）让用户参与一些练习，也可以运用一些激发材料与参与者建立对话。

（3）向用户提出诸如“你对此（产品或服务）的感受是什么”和“它（产品或服务）对你的意义是什么”之类的问题。

（4）在讨论会议结束后及时记录自身的感受。

文化探析是一种极富启发性的设计工具，它能根据目标用户自行记录的材料来了解用户。研究者向用户提供一个分析工具包，帮助用户记录日常生活中产品和服务的使用体验。

3）分析阶段

在讨论会议之后，分析得出的结果，为产品设计寻找可能的模式和方向。为此，可以从记录中引用一些用户的表述，并将其组织转化成设计语言。通常情况下，需要将参与者的表述转化、归纳为具有丰富视觉表达的情境地图，以便分析。

4）交流阶段

（1）与团队中其他未参与讨论会议的成员，以及项目中的其他利益相关者交流所获得的情境地图成果。

（2）成果的交流十分必要，因为它对产品设计流程中的各个阶段（点子生成、概念发展、产品和服务进一步发展等）均有帮助。即使是在讨论会议结束数周以后，当参与者看到运用他们的知识产生的结果时，也会深受启发。

### 3.3.2 文化探析

文化探析是一种极富启发性的设计工具，它能根据目标用户自行记录的材料来了解用户。研究者向用户提供一个分析工具包，帮助用户记录日常生活中使用产品和服务的体验。

1. 何时使用

文化探析适用于设计项目概念生成阶段之前，因为此时依然有极大的空间以寻找新的设计可能性。探析工具能帮助设计师潜入难以直接观察的使用环境，并捕捉目标用户真实“可触”的生活场景。这些文化探析工具包中包含多种工具，如日记本、明信片、声音图像记录设备等，能鼓励用户用视觉方式表达他们的故事和使用经历的道具。

探析工具犹如太空探测器，从陌生的空间收集材料。由于所收集到的资料无法预料，因此设计师在此过程中能始终充满好奇心。使用文化探析时，必须具备这样的心态：用户感受自身记录文件带来的惊喜与启发。因为设计师是从用户的文化情境中寻找新的见解，所以该技术被称为文化探析。运用该方法所得的结果有助于设计团队保持开放的思想，从用户记录的信息中找到灵感。

### 2. 如何使用

文化探析研究可以从设计团队内部的创意会议开始，确定对目标用户的研究内容。文化探析工具包包含多种工具，如日记本、明信片、声音图像记录设备等，能鼓励用户用视觉方式表达他们的故事和使用经历的道具。研究者通常向几名至 30 名用户提供此工具包。工具包的说明和提示已经表明了设计师的意图，因此设计师并不需要直接与用户接触。简化的文化探析工具包常常包含在情境地图所使用的感觉研究工具包中。

### 3. 文化探析的使用流程（见图 3.3–3）

在如图 3.3–3 所示的第 4 项流程中，需要注意两点：

（1）如果条件允许，提醒参与者及时送回材料或亲自收集材料。

（2）在跟进讨论会议中与设计团队一同研究所得结果，例如，创意启发式工作坊，参考情境地图。

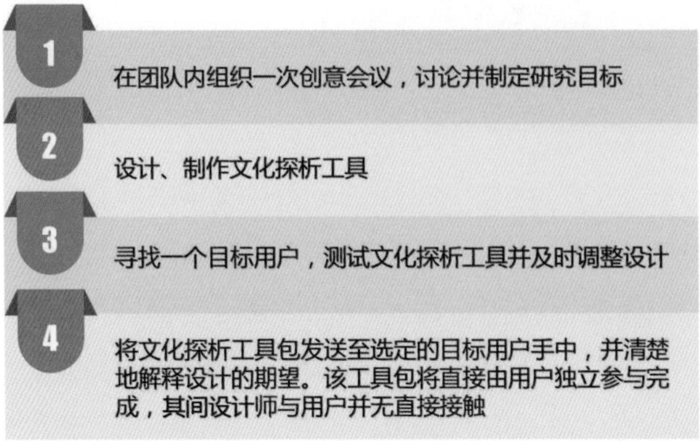

1
在团队内组织一次创意会议，讨论并制定研究目标
2
设计、制作文化探析工具
3
寻找一个目标用户，测试文化探析工具并及时调整设计
4
将文化探析工具包发送至选定的目标用户手中，并清楚地解释设计的期望。该工具包将直接由用户独立参与完成，其间设计师与用户并无直接接触

◎ 图 3.3-3　文化探析的使用流程

## 4. 文化探析的局限性

由于设计师与目标用户在文化探析的过程中没有直接接触，因此将很难得到对目标用户深层次的理解。观察结果可以作为触发各种可能的材料，而非验证设计结果的标准。例如，探析结果能反映某人日常梳洗的体验过程，但并不能得出该用户体验的原因，也不能说明其价值与独特性。文化探析不适用于寻找某一特定问题的答案。

文化探析需要整个设计团队保持开放的思想，否则将难以理解所得材料，有些团队成员也可能对所得结果并不满意。

使用这个方法要注意如图 3.3-4 所示的 7 点。

1
使各个探析工具具备足够的吸引力
2
探析工具需保持未完成感，如果太过精细完美，用户会不敢使用
3
个性化探析工具材料，例如，在封面上贴上参与者的照片
4
制定好玩且有趣的任务
5
将设计师的目标解释清楚
6
提倡用户即兴发挥
7
使用探析工具前先进行测试，以确保各项表述的准确性

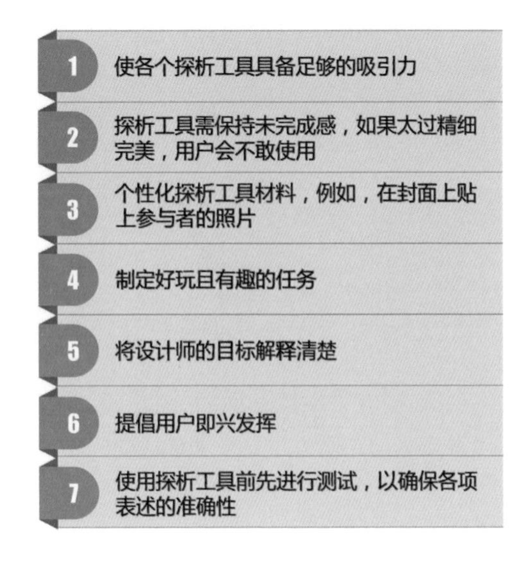

◎ 图 3.3-4　文化探析需要注意的 7 点

通过用户观察，设计师能够研究目标用户在特定情境下的行为，深入挖掘用户在生活中的各种现象、变量及现象与变量间的关系。

### 3.3.3 用户观察与访谈

通过用户观察，设计师能够研究目标用户在特定情境下的行为，深入挖掘用户在生活中的各种现象、变量及现象与变量间的关系。如图 3.3-5 所示为设计师观察乘客刷地铁卡的过程。

◎ 图 3.3-5　设计师观察乘客刷地铁卡的过程

1. 何时使用

不同领域的设计项目需要论证不同的假设并回答不同的研究问题，观察所得到的五花八门的数据也需要被合理地评估和分析。人文科学的主要研究对象是人的行为，以及人与社会技术环境的交互。设计师可以根据明确定义的指标进行描述和分析，并解释观察结果与隐藏变量之间的关系。

当你对产品使用中的某些现象、变量，以及现象与变量间的关系一无所知或所知甚少时，用户观察可以助你一臂之力，也可以通过它看到用户的“真实生活”。在观察中，会遇到诸多可预见和不可预见的情形。在探索设计问题时，观察可以帮设计师分辨影响交互的不同因素。观察人们的日常生活，能帮助设计师理解什么是好的产品或服务体验，而观察人们与产品原型的交互能帮助设计师改进产品设计。

运用此方法，设计师能更好地理解设计问题，并得出有效可行的概念及其原因。由此得出的大量视觉信息也能辅助设计师更专业地与项目利益相关者交流设计决策。

视频拍摄是最好的记录手段，当然也不排除其他方式，如拍照片或记笔记。配合使用其他研究方法，积累更多的原始数据，全方位地分析所有数据并将其转化为设计语言。

## 2. 如何使用

如果想在毫不干预的情形下对用户进行观察，则需要隐蔽在角落里，或者也可以采用问答的形式来实现。更细致的研究则需要观察者在真实情况中或实验室设定的场景中观察用户对某种情形的反应。视频拍摄是最好的记录手段，当然也不排除其他方式，如拍照片或记笔记。配合使用其他研究方法，积累更多的原始数据，全方位地分析所有数据并将其转化为设计语言。例如，用户观察和访谈可以结合使用，设计师能从中更好地理解用户思维。将所有数据整理成图片、笔记等，进行统一的定性分析。

## 3. 使用流程

为了从用户观察中了解设计的可用性，需要进行如图 3.3-6 所示的 7 个步骤。

使用此方法要注意如图 3.3-7 所示的 8 点。

切勿只关注已知事项，相反地，要接受更多意料之外的结果。鉴于此，

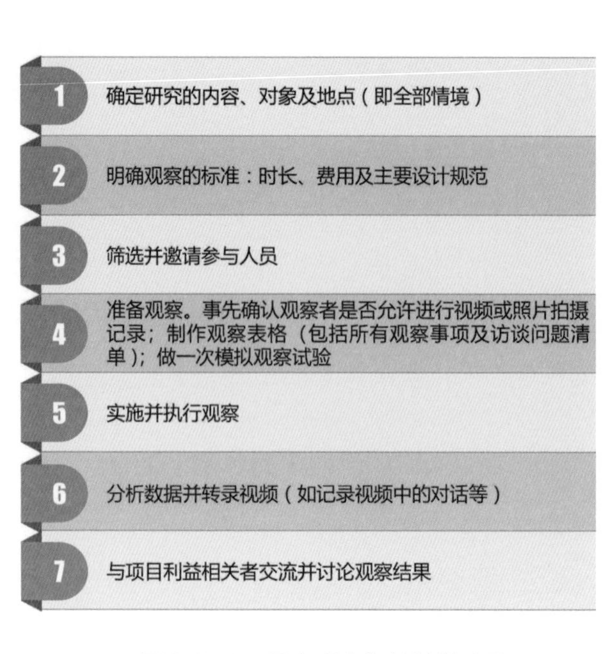


◎ 图 3.3-6　用户观察与访谈的步骤

问卷是一项常用的研究工具，它可以用来收集量化的数据，也可以透过开放式的问卷题目，让受访者做质化的深入意见表述。

视频是首要推荐的记录方式。尽管分析视频需要花费大量的时间，但它能提供丰富的视觉素材，并且为反复观察提供了可行性。

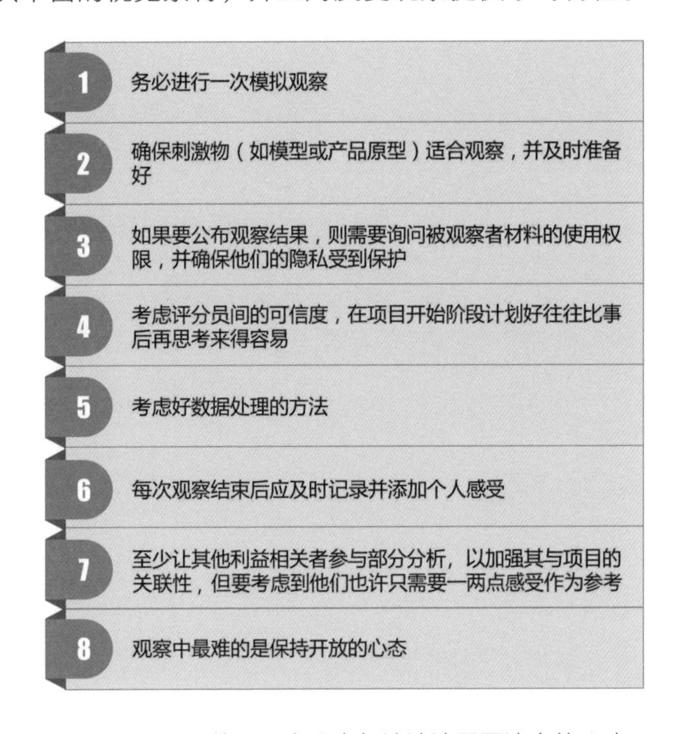


◎ 图 3.3-7　使用用户观察与访谈法需要注意的 8 点

但此方法也有局限性，当用户知道自己将被观察时，其行为可能有别于通常情况。然而如果不告知用户而进行观察，就要考虑道德、伦理等方面的因素。

## 3.3.4　问卷调查

问卷是一项常用的研究工具，它可以用来收集量化的数据，也可以透过开放式的问卷题目，让受访者做质化的深入意见表述（见图 3.3–8）。

◎ 图 3.3–8　问卷调查

在网络通信发达的今天，用问卷收集信息比以前方便很多，甚至有许多免费的网络问卷服务可供使用。但方便并不代表可以随意，在问卷设计上仍然必须特别小心，因为设计不良的问卷会引导出错误的研究结论，从而导致整体设计方针与策略上的错误。张绍勋教授在《研究方法》中，针对问卷设计提出了如图 3.3–9 所示的 8 项原则。

1　问题要让受访者充分理解，问句不可以超出受访者之知识及能力范围

2　问题必须切合研究假设的需要

3　要能够引发受访者的真实反应，而不是敷衍了事

4　要避免太广泛的问题、语意不清的措辞、包含两个以上的概念这三类问题

√（1）太广泛的问题。
例如，“你经常关心国家大事吗？”每一个人对国家大事的定义不同，因此这个问题的规范就太过于笼统。

√（2）语意不清的措辞。
例如，“您认为汰渍洗衣粉质量够好吗？”因为“够”这个措辞本身太过含糊，因此容易造成解读上的差异。

√（3）包含两个以上的概念。
例如，“汰渍洗衣粉是否洗净力强又不伤您的手？”这样受访者会搞不清楚要回答“洗净力强”和“不伤您的手”这两者中的哪一项。

5　避免涉及社会禁忌、道德问题、政治议题及种族问题

6　问题本身要避免引导或暗示
例如，“女性社会地位长期受到压抑，因此你是否赞成新人签署婚前协议书”。这个问题的前半句就明显地带有引导与暗示的意味。

7　忠实、客观地记录答案

8　答案要便于建档、处理及分析

◎ 图 3.3–9　问卷设计的 8 项原则

现在，有很多专业的在线调研网站或平台，调研者可以选择多样化的调研方式。在线问卷调查的优点主要体现在如图 3.3-10 所示的 7 个方面。

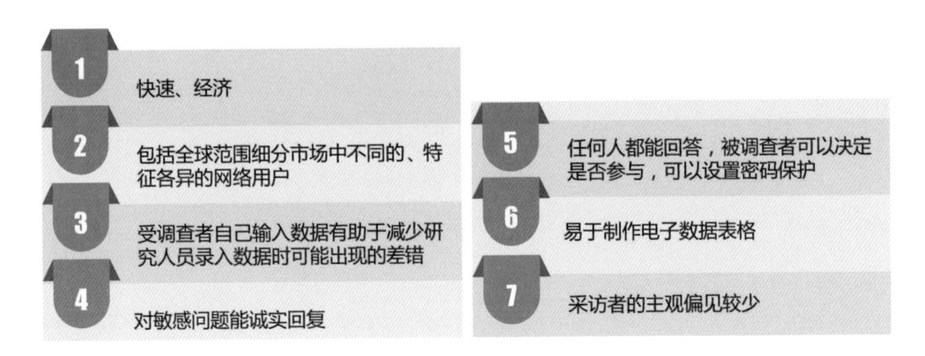


◎ 图 3.3-10　在线问卷调查的优点

而在线问卷调查法的 7 个缺点如图 3.3-11 所示。

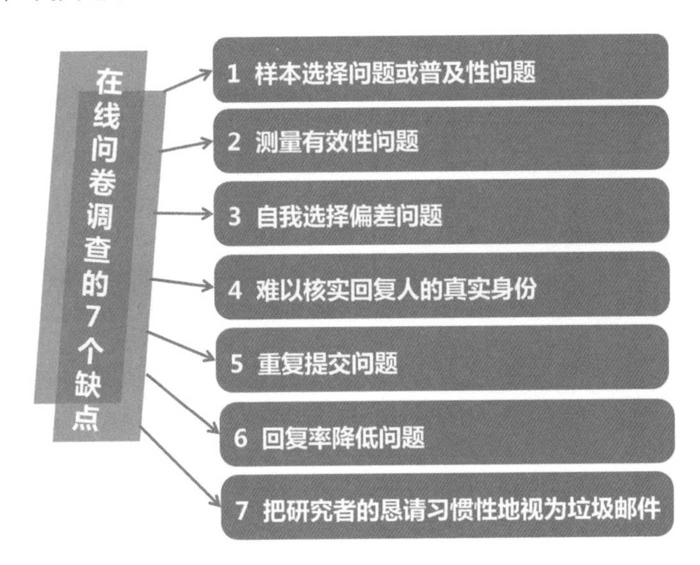


◎ 图 3.3-11　在线问卷调查的 7 个缺点

与传统调查方法相比，在线调查既快捷又经济，这也许是在线调查最大的优势（见图 3.3-12）。

实地调查就是亲身到产品使用的现场，去观察和记录真实的过程和状态。它是了解使用者及使用状况的最好方式。

◎ 图 3.3-12　提供在线问卷调研和数据分析的软件

## 3.3.5　实地调查

实地调查就是亲身到产品使用的现场，去观察和记录真实的过程和状态。假设要设计一套教学用的软件，设计前一定要到教室里面，去实际观察上课过程中老师与学生的互动状态，才能够设计出符合需求的成品。这种观察所得到的信息是无法用面谈来取代的，因为通常人的主观意识和记忆并不一定与事实相符，就像是在用圆珠笔做笔记时偶尔会抽空翻看手机一样。如果状况许可，在实地调查之后也可能会发现，很少有学生会在面谈中提到在上课过程中和朋友用微信进行聊天（见图 3.3-13）。

◎ 图 3.3-13　很少有学生会在面谈中提到在上课过程中和朋友通过微信聊天

尽管问卷和面谈都可以提供一些用户的相关信息，但实地调查才是了解使用者

焦点团体就是将一群符合目标客户群条件的人聚集起来，通过谈话和讨论的方式，来了解他们的心声或看法。

及使用状况的最好方式（见图 3.3-14）。

◎ 图 3.3-14　只有通过实地调查才能够了解产品的真实使用环境和状态

## 3.3.6　焦点团体

所谓焦点团体，就是将一群符合目标客户群条件的人聚集起来，通过谈话和讨论的方式来了解他们的心声或看法。这种方式的好处在于有效率，并且也很适合用来测试目标客户群对于产品新形状或视觉设计的直接反应。但由于在团体的情况之下，讨论的方向和结论很容易就会被少数几个勇于表现、擅于雄辩的人所主导（见图 3.3-15），因此所得结果只适合参考，并不适合将之直接拿来作为修正设计的依据。

◎ 图 3.3-15　在焦点团体讨论的过程中很容易出现领导型的参与者，主导整体谈话的方向

一般来说，通过未经训练的新人焦点团体为共识所选择出来的设计方针，通常代表的是一种妥协，并不是有特色、有效的设计方针。以群体意见来主导设计的方式，在

量化评估能够提供客观的数据，如潜在市场的大小、用户的平均年龄、消费额度或习惯等，这种接近市场调查的数据，可以协助规划设计的大方向和原则。量化评估的主要功能在于获得客观的数据，如年龄、性别、消费习惯、学历等。

美国被称为 Design by Committee（委员会设计），意指太多人参与决策而最终达成一个平庸的设计决策。有名的谚语如此形容："骆驼是一群人设计出来的马。"（A camel is a horse designed by a committee.）也就是说，原本很好的创意和想法，经过一群人的讨论和妥协，最后产生的东西往往平凡无奇，甚至于变成什么都不是的"四不像"。因此妥协的结果只会降低产品成功的机会。

### 3.3.7 量化评估

量化评估能够提供客观的数据，如潜在市场的大小、用户的平均年龄、消费额度或习惯等。这种接近市场调查的数据，可以协助规划设计的大方向和原则。此外，可用性也可以用量化的方式做评估，如一般人的阅读速度、按钮的合理尺寸等。这种市场分析或功效学的量化评估并不容易做到精确，但可以通过阅读文献资料和学者发表过的研究报告来取得资讯。

量化评估的主要功能在于获得客观的数据，如年龄、性别、消费习惯、学历等。

量化评估的结果比较接近于描述一种社会现象，适合用来表达客观事实、局外人的观点、破除迷思和侦测规划性。

另一种研究的类型则是质化研究（Qualitative Research）。质化研究比较主观，与个案紧密连接，比较能够表达人的观点，因此有助于深入了解使用者。质化研究的方式有很多，面谈、实地调查和文化探测等，都是质化研究的典型。

# 第 4 章

# 人机交互设计与人体工程学

人机交互、人机互动是研究系统与用户的交互关系的基础学问。人机交互系统既可以是各种各样的机器，也可以是计算机化的系统和软件。人机交互界面通常是指用户可见的部分。用户通过人机交互界面与系统交流并进行操作，小如收音机的播放按键，大至飞机上的仪表板或发电厂的控制室。人机交互界面的设计包含用户对系统的理解，那是为了系统的可用性或用户友好性。

1959 年，美国学者 B.Shackel 从人在操纵计算机时如何才能减轻疲劳出发，提出了被认为是“人机界面的第一篇文献”的关于计算机控制台设计的人机工程学论文。1960 年，Liklider JCK 首次提出人机紧密共栖的概念，被视为人机界面学的启蒙观点。1969 年，在英国剑桥大学召开了第一次人机系统国际大会，同年第一份专业杂志《国际人机研究》创刊。可以说， 1969 年是人机界面学发展史的里程碑。在 1970 年成立了两个 HCI 研究中心：一个是英国拉夫堡大学（Loughbocough University）的 HUSAT 研究中心，另一个是美国 Xerox 公司的 Palo Alto 研究中心。1970—1973 年出版了 4 本与计算机相关的人机工程学专著，为人机交互界面的发展指明了方向。

20 世纪 80 年代初期，学术界相继出版了 6 本专著，对最新的人

人机交互系统既可以是各种各样的机器，也可以是计算机化的系统和软件。人机交互界面通常是指用户可见的部分。

20 世纪 90 年代后期以来， 随着高速处理芯片、多媒体技术和 Internet Web 技术的迅速发展和普及，人机交互的研究重点放在了智能化交互、多模态（多通道）、多媒体交互、虚拟交互，以及人机协同交互等方面，也就是放在以人为中心的人机交互技术方面。

机交互研究成果进行了总结。人机交互学科逐渐形成了自己的理论体系和实践范畴的架构。理论体系方面，从人机工程学独立出来，更加强调认知心理学，以及行为学和社会学的某些人文科学的理论指导；实践范畴方面，从人机界面（人机接口）拓延开来，强调计算机对于人的反馈交互作用。“人机界面”一词为“人机交互”所取代。20 世纪 90 年代后期以来， 随着高速处理芯片、多媒体技术和 Internet Web 技术的迅速发展和普及，人机交互的研究重点放在了智能化交互、多模态（多通道）、多媒体交互、虚拟交互，以及人机协同交互等方面，也就是放在以人为中心的人机交互技术方面。

人机交互的发展历史是从人适应计算机到计算机不断地适应人的发展史。人机交互的发展经历了如图 4.0-1 所示的 5 个阶段。

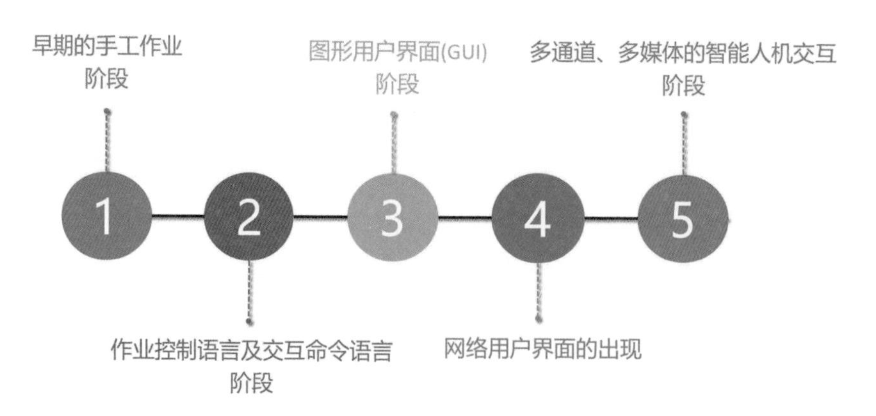


◎ 图 4.0-1　人机交互的发展经历的 5 个阶段

狭义地讲，人机交互技术主要是研究人与计算机之间的信息交换，它主要包括从人到计算机和从计算机到人的信息交换两部分。对于前者，人们可以借助键盘、鼠标、操纵杆、数据服装、眼动跟踪器、位置跟踪器、数据手套、压力笔等设备，用手、脚、声音、姿势或身体的动作、眼睛甚至脑电波等向计算机传递信息；对于后者，计算机通过打印机、绘图仪、显示器、头盔式显示器、音箱等输出或显示设备给人提供信息。它涉及计算机科学、心理学、认知科学、社会学和人类学等诸多学科，是信息技术的一个重要组成部分，并将继续对信息技术的发展产生巨大的影响。人机交互设计主要涉及人机设计和交互设计两个层面。

## 4.1 人机界面设计

人机界面（Human-Machine Interface，HMI）作为计算机系统的重要组成部分，主要是指人类与计算机系统之间的通信方式，它是人机双向信息交换的支持软件和硬件。在人和机器的互动过程中，有一个层面，即我们所说的界面。从心理学意义来划分，界面可分为感觉（视觉、触觉、听觉等）和情感两个层次。界面设计是一个复杂的、由不同学科参与的工程，人机工程学、认知心理学、设计学、语言学等在此都扮演着重要的角色。用户界面设计的 3 个原则如图 4.1-1 所示。

◎ 图 4.1-1　用户界面设计的 3 个原则

用户界面设计分为图 4.1-2 所示的 3 个工作流程。

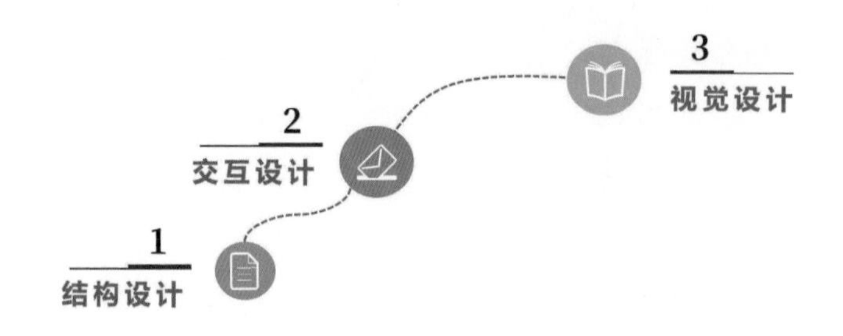


◎ 图 4.1-2　用户界面设计的 3 个工作流程

如图 4.1-3 所示为 Pixel Vision 复古款便携式微型游戏机。该游戏机面板上配备了一个黑色“加号”的方向控制按键和“两大六小”光滑的塑料控制按键，通过内置模拟器可模拟多个传统平台游戏，存储空间可以容纳 10000 个左右的游戏，如有需求可以通过 USB 进行添加，游戏爱好者还可以创建只属于自己的个性化的游戏库。

◎ 图 4.1-3　Pixel Vision 复古款便携式微型游戏机

# 4.2　人体工程学

## 4.2.1　人体工程学的定义

按照国际工效学会所下的定义，人体工程学是一门研究人在某种工作环境中的解剖学、生理学和心理学等方面的各种因素，人和机器及环境的相互作用，在工作、家庭生活和休假时怎样统一考虑工作效

人体工程学的定义：一门研究人在某种工作环境中的解剖学、生理学和心理学等方面的各种因素，人和机器及环境的相互作用，在工作、家庭生活和休假时怎样统一考虑工作效率，以及人的健康、安全和舒适等问题的科学。

率，以及人的健康、安全和舒适等问题的科学。日本千叶大学的小原教授认为：人体工程学是探知人体的工作能力及其极限，从而使人们所从事的工作趋向适应人体解剖学、生理学、心理学的各种特征。

### 4.2.2 人体工程学的作用

人体工程学是一门关于技术和人的协调关系的科学。它首先是一种理念，把使用产品的人作为产品设计的出发点，要求产品的外形、色彩、性能等都要围绕人的生理、心理特点来设计；它也是一系列的知识基础和研究方法，其知识基础来源于工程心理学、预防医学、技术美学、人体测量学等，其研究方法包括自然观察、访谈和问卷调查、现场或实验室的对照比较和测试、有关的统计分析等；然后是整理形成的设计技术，包括设计准则、标准、计算机辅助设计软件等；这些设计技术再和特定领域的其他设计技术及制造技术相结合，就形成了符合人体工程学的产品，这些产品可以让使用者的工作和生活更健康、高效、愉快。

伴随着人类物质文明和精神文明的不断进步，人们对其工作环境及效率提出了越来越高的要求。比如，如何使工作环境舒适又安全，操作简便、省力又准确，怎样才能更好地提高工作效率等。

在我们的生活中，与人体工程学相关的物品无处不在，如楼梯、家具、计算机、键盘、笔、垃圾箱等。大部分物品或多或少地体现着人体工程学的应用。正因为这些运用，才使得我们的生活如此地方便与舒适。如果没有这种符合人体工程学的设计，人们的生活可能不堪设想。

人体工程学设计起到的作用：了解了人体结构数据之后，我们做室内设计时就能够充分地考虑这些因素，做出合适的选择，并考虑在不同空间与围护的状态下，人们动作和活动的安全性，以及对大多数人的适宜尺寸，并强调静态和动态时的特殊尺寸要求。同时，人们为了使用这些家具和设施，其周围必须留有活动和使用的最小余地，这样才不会使活动在其中的人感觉约束、拘谨。另外，颜色、色彩及其布置方式，都必须符合人体生理、心理尺度及人体各部分的活动规律，以便达到安全、实用、方便、舒适与美观之目的。

人体工程学有关于人体结构的诸多数据对设计起到了很大的作用。了解这些数据之后，我们做室内设计时就能够充分地考虑这些因素，做出合适的选择，并考虑在不同空间与围护的状态下，人们动作和活动的安全性，以及对大多数人的适宜尺寸，并强调静态和动态时的特殊尺寸要求。同时，人们为了使用家具和设施，其周围必须留有活动和使用的最小余地，这样才不会使活动在其中的人感觉约束、拘谨。另外，颜色、色彩及其布置方式，都必须符合人体生理、心理尺度及人体各部分的活动规律，以便达到安全、实用、方便、舒适与美观之目的。

人体工程学在家居设计中的应用，就是强调在使用家居的过程中人体的生理及心理反应。如家居行业的GAVEE，不断地进行科学实验，从而在大量分析的基础上为家居设计提供科学的依据。

坐具是我们日常生活中使用频率很高的用品，而“坐”着就能保持健康，这对于大多数人来说似乎并不可能。科学证明，因“坐”产生的毛病有很多，如头晕目眩、恶心难受、手臂酸麻等。坐具作为家具的一员，其重要性不言而喻。因而，坐具中的人体工程学知识运用显得格外重要。一旦椅子不符合人体要素，则会带来很多麻烦。例如，椅子的靠背如果设计不当，人坐在上面会很累，后背感觉不适，长此以往，脊椎就会受到不同程度的损害。合理地把人体工程学运用于椅子上面，使人坐在椅子上不仅不会对身心造成不良的影响，而且坐在上面工作时还能提高工作效率。

如图 4.2-1 所示为 J. 森田东京制造公司的牙科治疗设备 Signo T500。其牙科治疗单元采用人体工程学设计，舒适方便、操作直观，为医生、病人和护理人员创造了最佳的治疗条件。它还具有模块化和灵活性的特点，可满足牙科保健的需求。

### 4.2.3 作业空间的人体工程学基础数据

人体工程学的基础数据主要有如图 4.2-2 所示的 3 个方面。

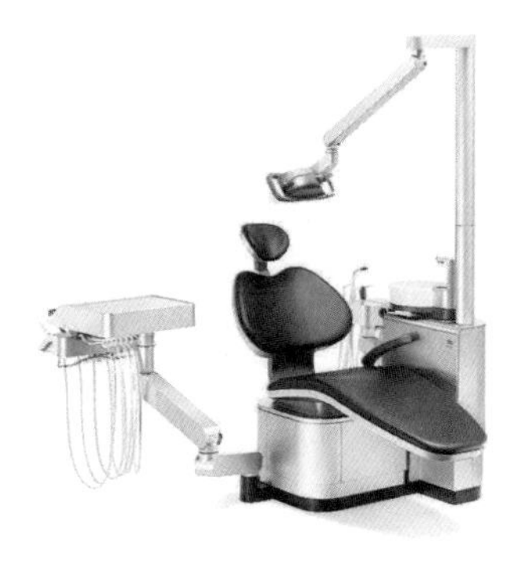

◎ 图4.2-1 Signo T500

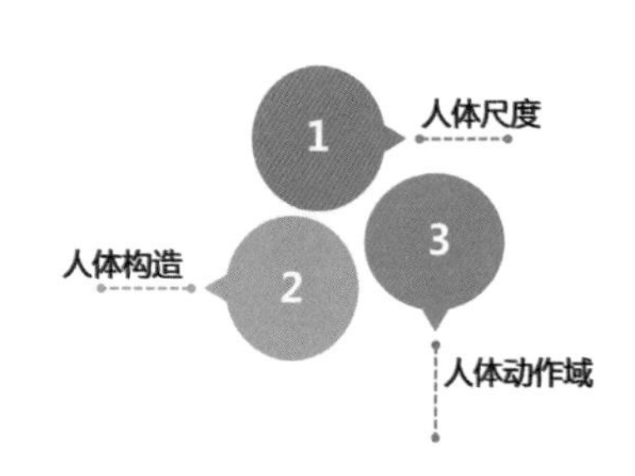


◎ 图 4.2-2 人体工程学的基础数据包括的 3 个方面

#### 1. 人体构造

与人体工程学关系最紧密的是运动系统中的骨骼、关节和肌肉，这三部分在神经系统的支配下，使人体各部分完成一系列的运动。骨骼由颅骨、躯干骨、四肢骨组成，其中的脊柱可完成多种运动，是人体的支柱。关节起骨间连接且能活动的作用。肌肉中的骨骼肌受神经系统指挥收缩或舒张，使人体各部分协调动作。

#### 2. 人体尺度

人体尺度是人体工程学研究最基本的数据之一。

### 3. 人体动作域

人们在室内工作和生活活动范围的大小即动作域，它是确定室内空间尺度的重要依据因素之一。以各种方法测定的人体动作域，也是人体工程学研究的基础数据。如果说人体尺度是静态的、相对固定的数据，人体动作域的尺度则为动态的，其动态尺度与活动情景状态有关。

进行室内设计选用人体尺度具体数据尺寸时，应考虑在不同空间与围护的状态下，人们动作和活动的安全，以及对大多数人适宜的尺寸，并强调以安全为前提。

例如，对于门洞高度、楼梯通行净高、栏杆扶手高度等，应取男性人体高度的上限，并适当加以人体动态时的余量进行设计；对踏步高度、上搁板或挂钩高度等，应按女性人体的平均高度进行设计。

下面着重从作业空间方面进行人体工程学分析并提供有关技术参数，以座椅的设计为例来说明人体工程学对产品设计的指导意义，供产品设计人员在设计产品时参考， 使产品和作业环境尽可能满足人的生理和心理要求，从而提高工作效率。

作业空间是指个人工作岗位的空间范围。作业范围是指当操作者以站姿或坐姿进行作业时，手和脚在水平面和垂直面内所能触及的最大轨迹范围。作业范围是构成作业空间的主要部分，可分为平面作业范围和空间作业范围。

#### 1）平面作业范围

最典型的平面作业范围是人坐在工作台前，在水平面上手臂的运动轨迹范围，如图 4.2-3 所示，有最大平面作业范围和手臂自如弯曲的正常平面作业范围。

此外，还有脚的作业范围。与手相比，脚的力度大但灵活性差，一般情况下其作业范围是以脚在水平方向上可能移动的尺寸来确定的。因此，脚的正常作业范围由脚的出力、动作频率、操作姿势、机械形式、作业内容等的综合分析结果来确定。脚的作业范围如图 4.2-4 所示，图中灰影区表示正常作业区，黑影区表示精密作业区。

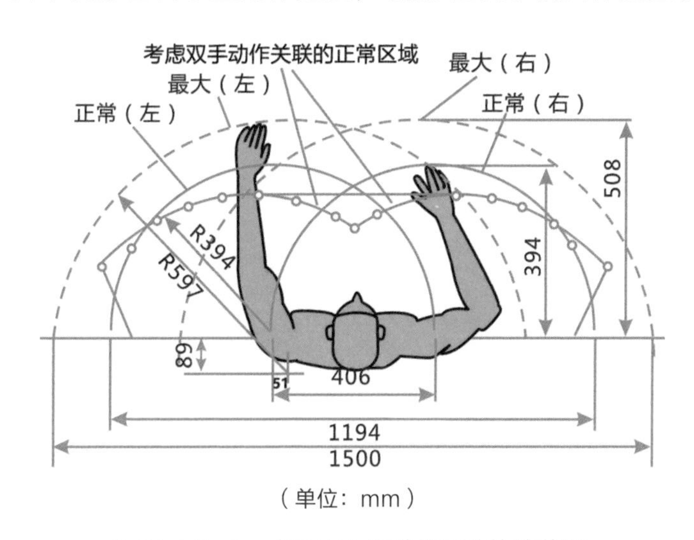


◎ 图 4.2-3　水平面上手臂的运动轨迹范围

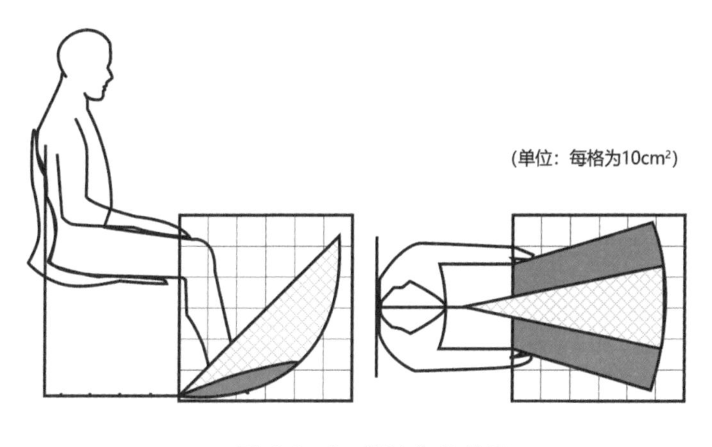


◎ 图 4.2-4　脚的作业范围

## 2）空间作业范围

绝大多数作业都不是由一种或两种动作完成的，而是需要一个既有水平方向又有垂直方向的动作才能完成，这样就形成了空间作业范围。如图 4.2-5 所示为坐姿操作时空间作业范围分解图：如图 4.2-5（a）所示为水平面情况，如图 4.2-5（b）所示为正面空间情况，如图 4.2-5（c）所示为侧面空间情况，这三种情况共同形成一个空间作业范围。坐姿作业适合于一般的轻体力工作。在图 4.2-5（c）中，阴影区为最佳上肢活动区，实线范围为手的最大活动范围，R 为座椅参考点。

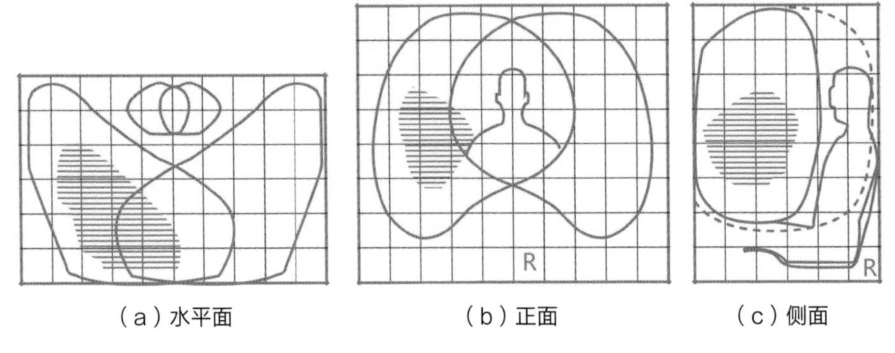


（a）水平面　　（b）正面　　（c）侧面

◎ 图 4.2-5　空间作业范围分解图

坐姿作业的工作面高度可参考表 4.2-1 进行设计。

表 4.2-1　坐姿作业的工作面高度

(单位：mm)

| 作业性质 | 男　性 | 女　性 |
| --- | --- | --- |
| 精密、近距离观察 | 900~1100 | 800~1000 |
| 读写 | 740~780 | 700~740 |
| 打字、手施力 | 680 | 650 |

当站立操作时，作业范围是以肩关节为活动中心的，此时手的最大可触及范围是半径约 720mm 的圆弧；手的最大可抓取作业范围是半径约 600mm 的圆弧；手最舒适的抓取范围是半径约 300mm 的圆弧。当身体前倾时，最舒适的作业范围半径可增大至 400mm 左右。如图 4.2-6 所示为手的垂直作业范围。

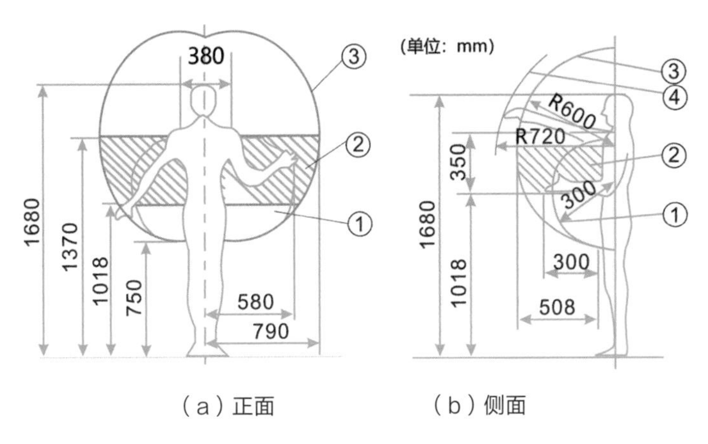


（a）正面　　（b）侧面

① 手最舒适的抓取范围　② 手最适宜操作的范围
③ 手的最大可抓取范围　④ 手的最大可触及范围

◎ 图 4.2-6　手的垂直作业范围

立姿作业的工作面高度以肘高为参考高度，一般取肘高以下5~10cm。作业性质不同，工作面应做相应调整。精密作业时，工作面提高至肘高以上5~10cm；重负荷作业时，工作面降低至肘高以下15~40cm，考虑到工具和其他材料的安置，工作面也应在肘高以下10~15cm。固定工作面（如机床）的高度应符合绝大多数操作者身高的要求，身材较小的人可加垫脚台。立姿工作尺寸如图 4.2-7 所示。

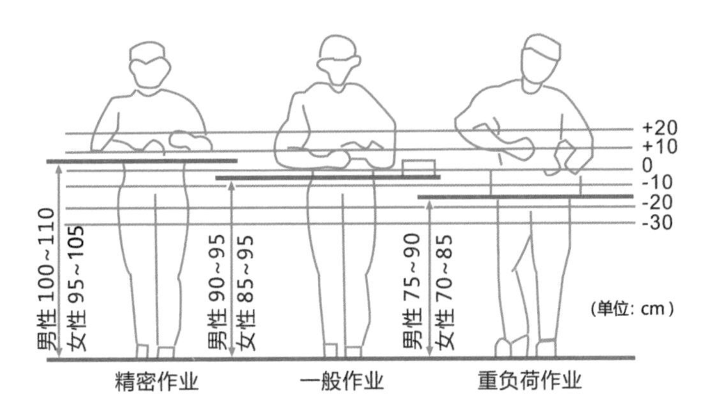


◎ 图 4.2-7　立姿工作尺寸

3）工作座椅的设计

理想的座椅是人坐上去时，体重能均衡分布，大腿平放，两足着地，上臂不负担身体的重量，肌肉放松。因此在设计座椅时应考虑其结构形式、几何参数与人体坐态生理特征、体压分布的关系问题，这将直接关系到操作者作业时的舒适感。如图 4.2-8 所示为工作座椅设计的 2 个主要方面。

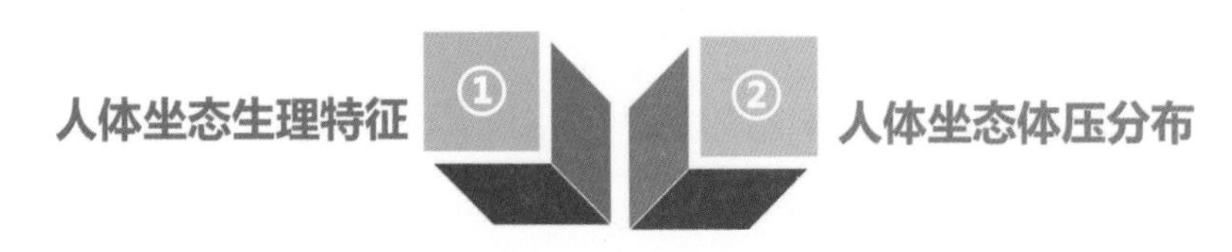


◎ 图 4.2-8 工作座椅设计的 2 个主要方面

（1）人体坐态生理特征。脊柱位于人体背部中央，是躯干的主要支柱，其中腰椎部分承担上体的全部重量，同时还要实现人体运动时弯腰、扭转等动作，所以最容易损伤和变形。生活中最常见的腰曲变形，即挺直坐着和弯腰最易疲劳，并会引起腰酸等不适感。只有保持正常的腰曲弧形而不受腰曲变形的影响时，才能保证人的舒适感。舒适的坐态应保证腰曲弧形处于正常状态，腰背松弛，从上肢通向大腿的血管不受压迫，保持血液正常循环。

（2）人体坐态体压分布。人坐着时，身体重量在靠背和座位上的压力分布叫坐态体压分布，从坐态生理特征可知，舒适的坐姿是肩部和臀部同时支撑身体时的姿势。而一般操作用座椅由于操作的要求，身体需要向前倾，肩部几乎接触不到靠背，所以只有靠腰起支撑作用。根据以上分析，在进行工作座椅设计时，要特别注意座高、座面宽、座面深、靠背、体腿夹角等几何参数的科学设置。工作座椅的设计一般有如图 4.2-9 所示的 4 个要求。

工作座椅面尺寸如图 4.2-10 所示。

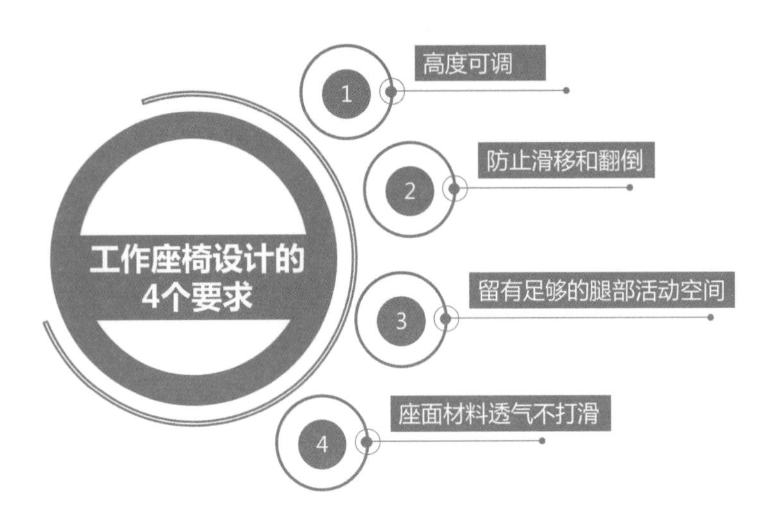


◎ 图 4.2-9　工作座椅设计的 4 个要求

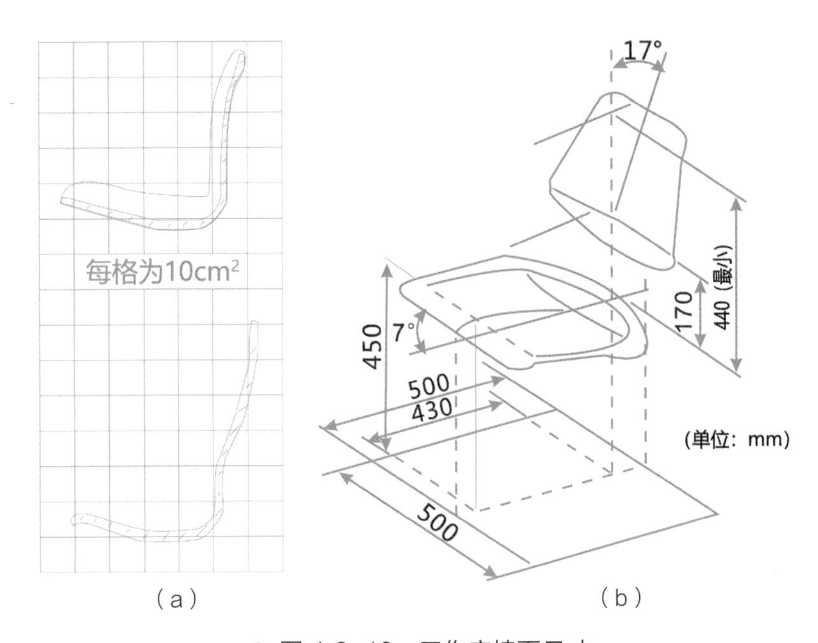


◎ 图 4.2-10　工作座椅面尺寸

人体工程学对产品设计的指导意义最终体现在人机系统的设计中。人和机是构成人机系统的两个组成部分，要在掌握人体主要尺寸的基础上，根据各种作业的不同特点，对产品进行人性化设计，使产

人体工程学研究的问题：

测量人体各部分静态和动态数据；

调查、询问或直接观察人在作业时的行为和反应特征；

对时间和动作的分析研究；

测量人在作业前后及作业过程中的心理状态和各种生理指标的动态变化；

观察和分析作业过程和工艺流程中存在的问题；

分析差错和意外事故的原因；通过模型实验或用电子计算机进行模拟实验；

运用数学和统计学的方法找出各变量之间的关系，以便从中得出正确的结论或发展成相关理论。

品最大限度地满足操作的舒适性、方便性、安全性，同时不能忽略对操作环境的考虑，如照明环境、温度和气候小环境、噪声环境、振动等。如此才能创造出人—机—环境相互协调而舒适高效的工作环境，从而提高工作效率。

## 4.2.4 人体工程学的研究方法

对人体工程学的研究广泛采用了人体科学和生物科学等相关学科的研究方法及手段，也采用了系统工程、控制理论、统计学等其他学科的一些研究方法，而且本学科的研究还建立了一些独特的新方法。使用这些方法来研究以下问题：测量人体各部分静态和动态数据；调查、询问或直接观察人在作业时的行为和反应特征；对时间和动作的分析研究；测量人在作业前后及作业过程中的心理状态和各种生理指标的动态变化；观察和分析作业过程和工艺流程中存在的问题；分析差错和意外事故的原因；通过模型实验或用电子计算机进行模拟实验；运用数学和统计学的方法找出各变量之间的关系，以便从中得出正确的结论或发展成相关理论。

常用的人体工程学的 6 个研究方法如图 4.2-11 所示。

### 1. 观察法

为了研究系统中人和机器的工作状态，常采用各种各样的观察方法，如工人操作动作的分析、功能分析和工艺流程分析等都属于观察法。

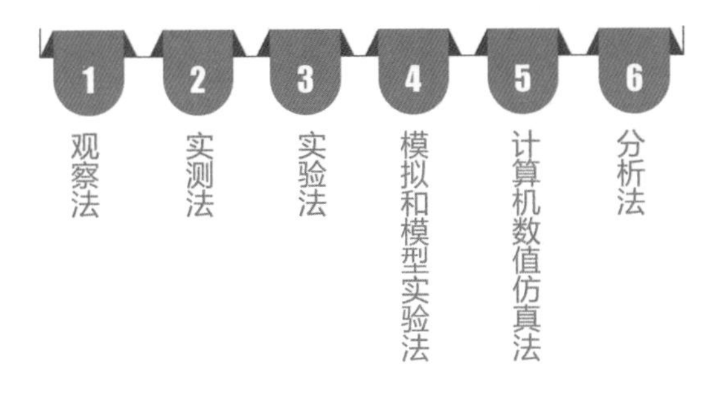


◎ 图 4.2-11　人体工程学的 6 个研究方法

2. 实测法

实测法是一种借助于仪器设备进行实际测量的方法。例如，对人体静态和动态参数、人体生理参数、系统参数、作业环境参数的测量等。

3. 实验法

实验法是当运用实测法受到限制时采用的一种研究方法，一般在实验室中进行，也可以在作业现场进行。例如，为了获得人对各种不同显示仪表的认读速度和差错率的数据，一般在实验室中进行实验；为了解色彩环境对人的心理、生理和工作效率的影响，需要进行长时间的研究和多人次的观测才能获得比较真实的数据，因此通常在作业现场进行实验。

4. 模拟和模型实验法

由于机器系统一般比较复杂，因而在进行人机系统研究时常采用模拟的方法。模拟方法包括对各种技术和装置的模拟，如操作训练模拟器、机械模型及各种人体模型等。通过这类模拟方法可以对某些操作系统进行仿真实验，得到更符合实际的数据。因为模拟器和模型通常比其模拟的真实系统价格便宜得多，且又可以进行符合实际的研究，所以应用较多。

## 5. 计算机数值仿真法

由于人机系统中的操作者是具有主观意志的生命体，用传统的物理模拟和模型方法研究人机系统，往往不能完全反映系统中生命体的特征，其结果与实际相比必有一定的误差。另外，随着现代人机系统越来越复杂，采用物理模拟和模型的方法研究复杂的人机系统，不仅成本高、周期长，而且模拟和模型装置一经定型，就很难做修改与变动。为此，一些更为理想和有效的方法逐渐被研究出来，其中的计算机数值仿真法已成为人体工程学研究的一种现代方法。数值仿真是在计算机上利用系统的数学模型进行仿真性实验研究。研究者可对尚处于设计阶段的未来系统进行仿真，并就系统中的人、机、环境三要素的功能特点及其相互间的协调性进行分析，从而预知所设计产品的性能，并改进设计。应用数值仿真研究能大大缩短设计周期，并降低成本。

## 6. 分析法

分析法是在从上述各种方法中获得了一定的资料和数据后采用的一种研究方法。目前，人体工程学研究常采用如图 4.2-12 所示的 7 种分析法。

◎ 图 4.2-12 人体工程学研究常采用的 7 种分析法

（1）瞬间操作分析法。生产过程一般是连续的，人和机械之间的信息传递也是连续的，但要分析这种连续传递的信息很困难，因而只能用间歇性的分析测定法，即采用统计学中的随机采样法，对操作者和机械之间在每一间隔时刻的信息进行测定后，再用统计推理的方法加以整理，从而获得人机系统的有益资料。

（2）知觉与运动信息分析法。人机之间存在一个反馈系统，即外界给人的信息首先由感知器官传到神经中枢，经大脑处理后，产生反应信号再传递给肢体，肢体对机械进行操作，被操作的机械又将信息反馈给操作者，从而形成一个反馈系统。知觉与运动信息分析法就是对此反馈系统进行测定分析，然后用信息传递理论来阐述人机间信息传递的数量关系。

（3）动作负荷分析法。动作负荷分析法是在规定操作所必需的最小间隔时间条件下，采用电子计算机技术来分析操作者连续操作的情况，从而推算操作者工作的负荷程度。另外，对操作者在单位时间内工作的负荷进行分析，可以获得用单位时间的作业负荷率来表示的操作者的全部工作负荷。

（4）频率分析法。对人机系统中机械系统的使用频率和操作者的操作动作频率进行测定分析，可以获得作为调整操作人员负荷的参数的依据。

（5）危象分析法。对事故或者近似事故的危象进行分析，特别有助于识别容易诱发错误的情况，同时也能方便地查找出系统中存在的需用较复杂的研究方法才能发现的问题。

（6）相关分析法。在分析方法中，常常要研究两种变量，即自变量和因变量。用相关分析法能够确定两个以上的变量之间是否存在统计关系。利用变量之间的统计关系可以对变量进行描述和预测，或者从中找出合乎规律的东西。例如，对人的身高和体重进行相关分析，便可以用身高参数来描述人的体重。统计学的发展和计算机的应用使相关分析法成了人机工程学研究的一种常用方法。

（7）调查研究法。人体工程学专家还采用各种调查方法来抽样分析操作者或使用者的意见和建议。这种方法包括简单的访问、专门调查、精细的评分、心理和生理学分析判断以及间接意见与建议分析等。

如图 4.2-13 所示为罗技 MX Vertical 鼠标设计，是 2019 年 IDEA（International Design Excellence Awards）获奖作品。基于大多数年轻人长时间对着计算机的现状，很多人都会有“鼠标手”的体验，除了常常活动手掌，还能怎么办呢？罗技颠覆了以往鼠标的造型，设计了这款符合人体工程学的鼠标——MX Vertical。MX Vertical 的自然握姿可降低肌肉拉伸，让姿态更符合人体工程学，独特的 57° 垂直握持角度可减轻腕部压力，同时拇指也能舒适地放在指托上。另外，其先进的光学追踪性能搭配专用光标速度切换功能，可有效减少约 4 倍手部的运动量，并且降低手部肌肉疲劳。这款鼠标充电 1 分钟可使用 3 小时，完全充电后可保持长达 5 个月的供电状态。

◎ 图 4.2-13　罗技 MX Vertical 鼠标设计

## 4.3　交互设计

作为信息技术的重要内容，人机交互技术比计算机硬件和软件技术的发展要滞后许多， 已成为人类运用信息技术深入探索和认识客观世界的瓶颈。因此，人机交互技术已成为 21 世纪信息领域急需解决

交互设计是关于创建新的用户体验的问题，其目的是增强和扩充人们工作、通信及交互的方式。

认知心理学研究人的高级心理过程，主要是认识过程，如注意、知觉、表象、记忆、思维和语言等，从心理学的观点研究人机交互的原理。

的重大课题，引起了许多国家的高度重视。

交互设计 (Interaction Design) 指的是“设计支持人们日常工作与生活的交互产品”，具体地讲就是关于创建新的用户体验的问题，其目的是增强和扩充人们工作、通信及交互的方式。

人机交互技术与认知心理学、人体工程学、新媒体技术和虚拟现实技术密切相关。其中，认知心理学与人体工程学是人机交互技术的理论基础，而多媒体技术和虚拟现实技术与人机交互技术相互交叉和渗透。除了前面已经介绍的人体工程学，下面对其他学科加以简单介绍。

### 1. 认知心理学

认知心理学 (Cognitive Psychology) 是 20 世纪 50 年代中期在西方兴起的一种心理学思潮，在 20 世纪 70 年代成为西方心理学的一个主要研究方向。它研究人的高级心理过程，主要是认识过程，如注意、知觉、表象、记忆、思维和语言等，从心理学的观点研究人机交互的原理。

如图 4.3-1 所示，Zocdoc 是最早兴办的“寻医问药”网站之一，其新的视觉系统以黄色为主色，以字母“Z”为基础变幻出了许多拟人化的表情和笑脸，显得友好、直观。

◎ 图 4.3-1　Zocdoc 网站新的视觉系统

新媒体具备双向传播的特点，同时涉及计算，倚重于计算机的作用。新媒体形成了一种新型的文化形态，包含互联网、移动设备、虚拟现实、电子游戏、电子动漫、数字视频、电影特效、网络电影等。

## 2. 新媒体技术

在现代社会生活中，“新媒体”这个词对大家来说应该并不陌生，我们经常使用的网络就被人们视作最常见的新媒体工具。究竟真正意义上的新媒体是什么呢？一般而言，区别于传统的媒体即是新媒体。但是至今对此仍没有确切的定义，只能说是在时间上相对新鲜的、不断更新的媒体被视为新媒体，即具有时代背景。就如彩色电视机对黑白电视机来说是新媒体，电视对电影来说是新媒体。某个时期的新媒体，要放在那个时期中来解释。

罗伯特 · 洛根( Robert K. Logan)指出，现在所谈及的“新媒体”多是指互动媒介，与没有计算功能的电话、广播、电视等旧媒介相比较而言，它具备双向传播的特点，同时涉及计算，倚重于计算机的作用。新媒体形成了一种新型的文化形态，包含互联网、移动设备、虚拟现实、电子游戏、电子动漫、数字视频、电影特效、网络电影等。罗伯特 · 洛根还为新媒体下了一个比较保守的定义，他认为旧媒体是被动型的大众媒体，新媒体是个人使用的互动媒体。所以，新媒体的参与者不再是被动的信息接收者，而是内容和信息的积极生产者。而伴随着新媒体而生的新媒体设计，既以新媒体技术为依托，也以更完善地实现其互动性能为目的。

如图 4.3-2 所示为罗伯特 · 洛根对新媒体定义的 14 个特征。

新媒体信息在人机交互中的巨大潜力主要在于它能提高人对信息表现形式的选择和控制能力，同时能提高信息表现形式与人的逻辑和创造能力的结合程度，能在串行、符号信息以及并行、联想信息方面扩展人的信息处理能力。

1. 双向传播
2. “新媒体”使信息容易获取和传播
3. “新媒体”有利于继续学习
4. 组合和整合
5. 社群的创建
6. 便携性和时间的灵活性，赋予使用者跨越时空的自由
7. 许多媒体因融合而能同时发挥一种以上的功能，以拍照手机为例，它既有电话的功能，又有照相机的拍摄、发送照片的功能
8. 互操作性，否则媒体融合就不可能
9. 内容的聚合和众包，数字化与媒体融合促成了这样的结果
10. 多样性和选择性远远胜过此前的大众媒体，长尾现象由此而生
11. 生产者和消费者鸿沟的弥合（或融合）
12. 社会的集体行为与赛博空间里的合作
13. 数字化促成再混合文化
14. 从产品到服务的转变

◎ 图 4.3-2　罗伯特 · 洛根对新媒体定义的 14 种特征

如图 4.3-3 所示为一组 3D 医疗界面设计。其完整的全视角，直觉性的操作手势，3D 与拟真的视觉效果更是增加了整体真实性与精细度。它可以 360° 扫视人体的每个部位，可放大、缩小。这组设计让我们看到了未来智能屏幕触控式界面的及时性与便利性，可拓展的领域也很广泛，除了医疗之外，影视、展览、博物馆、学校等都能用其来传递资讯。

◎ 图 4.3-3　3D 医疗界面设计

华为 Mate30 系列手机采用的全新智慧交互，诞生了多种新交互操作（见图 4.3-4）。

| 1 | AI隔空操控 |
| --- | --- |
| 2 | AI信息保护 |
| 3 | 确定时延引擎 |

◎ 图 4.3-4　华为 Mate30 系列手机的多种新交互操作

（1）AI 隔空操控。该系列手机可隔空识别用户的手势，无须接触屏幕，就可以完成屏幕上下滚动与隔空抓取截屏的操作。

（2）AI 信息保护。当出现机主以外的人脸时，华为 Mate30 系列手机（见图 4.3-5）可即刻识别，并自动隐藏信息和通知的详细内容。也就是说，你的信息只有你可见。

◎ 图 4.3-5　华为 Mate30 系列手机

虚拟现实技术是借助于计算机技术及硬件设备，建立高度真实感的虚拟环境，使人们通过视觉、听觉、触觉、味觉、嗅觉等感官在其中看、听、触、闻起来像是真实的，以产生身临其境的感觉的一种技术。三个鲜明特征是：真实感、沉浸感和交互性。

（3）确定时延引擎。该系列手机可根据任务优先级及任务时限进行智能调度处理，保证各类任务有序而高效地执行，大大改善以往安卓系统下各级任务对资源的无序争抢带来的系统卡顿问题。

### 3. 虚拟现实技术

虚拟现实（Virtual Reality，VR）技术就是借助于计算机技术及硬件设备，建立高度真实感的虚拟环境，使人们通过视觉、听觉、触觉、味觉、嗅觉等感官在其中看、听、触、闻起来像是真实的，以产生身临其境的感觉的一种技术。虚拟现实技术有别于其他计算机应用技术的三个鲜明特征即真实感、沉浸感和交互性。其中，自然和谐的交互方式是虚拟现实技术的一个重要研究内容，其目的是使人能以声音、动作、表情等自然方式与虚拟世界中的对象进行交互。

宝马集团越来越多地将虚拟现实技术用于生产。在全新的宝马3系车型开始在慕尼黑生产之前，宝马集团的规划人员就已经在虚拟世界中布置了各个工作站，包括驾驶舱预装配，如在将驾驶舱安装于汽车上之前，先将驾驶舱组装在一起，使建筑、系统、物流、装配规划人员以及生产员工第一次能够在虚拟现实中评估整个新生产区域并以3D的方式测试新生产程序（见图4.3-6）。

◎ 图 4.3-6　宝马集团越来越多地将虚拟现实技术用于生产

利用3D体感技术与虚拟现实环境结合，在我们生活的每一个领域陆陆续续出现了革命性的变化：在笔记本电脑或平板电脑上观看影片，可以获得身临其境的场景带入感；不用去瑜伽馆，在家就可以练瑜伽了，还有智能系统指导教学；以前在淘宝上买衣服最担心的就是不合身，现在有了 3D 试衣，女生们再也不用担心退换货浪费时间了；当用手机地图导航时可以看到 3D 全景，自己在哪个位置一目了然，再也不用面对线条、块状组成的 2D 地图继续做“路痴”了。当然，除了生活上的帮助之外，3D 体感技术在商业领域的应用空间也很广阔：从服务型机器人的设计制造到自动驾驶汽车的方案制定，再到互动教学的应用，3D 体感技术还将带来更多惊喜。

# 第 5 章

# 设计心理学

现代设计心理学的雏形大致产生于 20 世纪 40 年代后期。首先，人机工程学和心理测量等应用心理学科得到迅速发展，在第二次世界大战后转向民用，实验心理学以及工业心理学、人机工程学中很大一部分研究都直接与生产、生活相结合，为设计心理学提供了丰富的理论来源；其次，西方社会进入消费时代，社会物质生产逐渐繁荣，盛行消费者心理和行为研究；最后，设计成为了商品生产中最重要的环节并出现了大批优秀的职业设计师，其中的代表人物是美国设计师德雷夫斯（Henry Drefuss）。他率先以诚实的态度来研究用户的需要，为人的需要设计并开始有意识地将人机工程学理论运用到工业设计中。德雷夫斯于 1951 年出版了《为人民设计》（*Design for People*）一书，介绍了设计流程、材料、制造、分销及科学中的艺术等，书中的许多内容都紧密围绕用户心理研究展开。他的设计不仅应作为“人性化设计”的先驱，同时其针对用户心理的研究也应作为针对设计的心理学研究的先行之作。

1961 年，曾获得诺贝尔经济学奖的赫伯特 · A. 西蒙撰写了现代设计学中最重要的著作之一——《人工科学》，思想核心在于“有限理性说”和“满意理论”，即认为人的认知能力具有限度，人不可能达到最优选择，而只能“寻求满意”。认知科学和心理学家唐纳德 · A.

诺曼对于现代设计心理学以及可用型工程做出了杰出的贡献。20 世纪 80 年代他撰写了 *The Design Everyday Things*，成为可用性设计的先声。他在此书的序言中提出“本书侧重研究如何使用产品”。诺曼虽然率先关注产品的可用性，但他同时提出不能因为追求产品的易用性而牺牲艺术美，他认为设计师应设计出“既具有创造性又好用，既具美感又运转良好的产品”。2004 年，他又发表了第二部设计心理学方面的著作《情感设计》，将注意力转向了设计中的情感和情绪，促进了设计心理学更为深层次的研究。

## 5.1 设计心理学的研究内容

设计心理学研究设计心理的问题、现象与方法，是心理学的有关原理在设计中的应用。设计心理学包括两方面的内容，如图 5.1-1 所示。

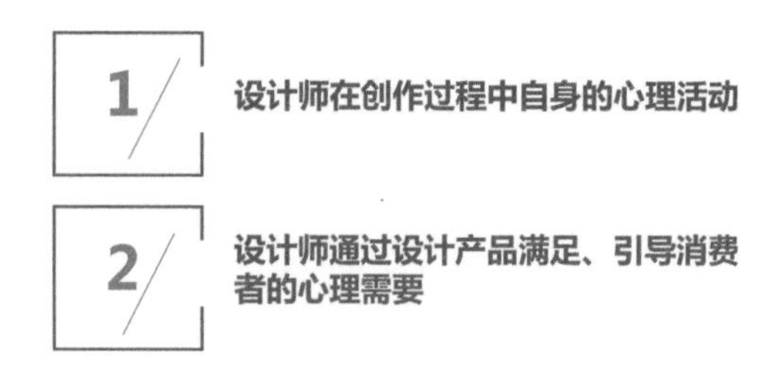


◎ 图 5.1-1　设计心理学的内容

目前，我国对设计心理学的研究尚处于起步阶段。设计是一个艰苦创作的过程，与纯艺术领域的创作有很大的差别，必须在许多限制条件下综合进行。因此，积极地发展有特色的设计创造思维是设计心理学不可或缺的内容。传统的消费观关注的是物，只要能够充分发挥物质效能的设计就是好的设计。现代消费观越来越关注人对设计的要

设计的形式主要是以视觉的方式呈现出来，通过视知觉效果引起人们的关注并影响着人们的情感和心理。

求和限制，人们不仅要求获得商品的物质效能，而且迫切要求满足心理需求。设计越向高深的层次发展，就越需要设计心理学的理论支持。而设计是一门尚未完善的学科，研究的方法和手段还不成熟，主要依靠和运用其他相关学科的研究理论和方法手段。设计心理学的研究也是如此，主要利用心理学的实验方法和测试方法来进行。

可见，设计心理学的研究是必要而迫切的，并有很大的发展空间，还需要在建立设计心理学的框架后细分设计心理学的内容，使其更专业化、更完善，这有待于设计师和心理学家的共同努力。

## 5.2 人的视知觉特征与设计

设计的形式主要是以视觉的方式呈现出来，通过视知觉效果引起人们的关注并影响着人们的情感和心理。视觉是我们认识外部世界、获得外部事物信息的最主要感官，作为心理活动的视知觉有着自身的特点和规律性，这些规律性制约着人们的设计活动，影响着人们对设计的接受程度。如图 5.2-1 所示为人的视知觉特点。

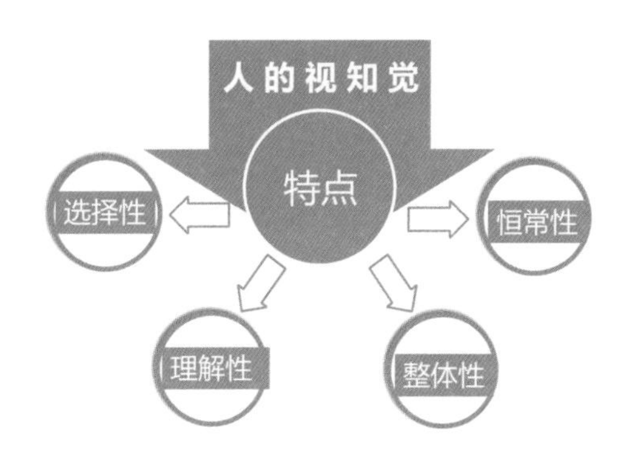


◎ 图 5.2-1 人的视知觉特点

### 5.2.1 选择性

在视知觉的过程中，作用于人的感觉器官的刺激是相当多的，但不是所有的刺激都能同样清楚地被人所感知到，人们不可能对所有的刺激都做出相应的反应。在同一时刻，只有少数知觉刺激格外清楚，而其余的知觉刺激比较模糊，这种特性被称为知觉的选择性。知觉的选择性具有重要的意义，它可以使观者的注意力总是指向其最喜欢的东西。知觉的这种选择是一种最初级的抽象，这种抽象来自遗传，是与生俱来的。视知觉的选择性受主体的主观因素及简约性原则与完形原则的制约。

视知觉的选择性受知觉者本人主观因素的影响，如兴趣、态度、爱好、情绪、知识经验、观察能力等。“观赏者能看见什么，取决于他如何分配注意力”（乌尔里克·奈塞尔《认识和现实》）。视觉总是要受知觉者自身经验，以及听觉、嗅觉、味觉、触觉、情感和思维的暗示的烦扰。眼睛是作为复杂多变的有机体的一个部分工作的，眼睛看什么、怎么看，都受需要和趣味的控制。阿恩海姆认为，一个人在某一时刻的观察，总要受到他在过去看到的、想到的和学习到的东西的影响。“我们倾向于看见我们以前看见过的东西”（克雷齐《心理学大纲》）。人们总是生活在一定的视知觉的文化环境中，并形成一定的视知觉经验和选择倾向。所以，在视知觉活动中，人们会因自己的视觉文化习惯产生先入为主的思想，并总是表现为一定的一致性，这就是心理定式。人们在视知觉过程一开始总是受到心理定式的影响，当视知觉与预期期望相吻合时，往往会产生愉悦感。

视知觉的简约性原则与完形原则表明，人们对规则的和有意味的形式更加关注并能产生审美愉悦。在视知觉的过程中，人们总是对刺激物有着强烈的改变需要，也就是将知觉到的对象进行简化和完美化的愿望，当视阈中出现的图形较为复杂、不够完全和完美时，人们的

在设计中，越是趋于简洁的设计，越能唤起理性的感情；越是图形概括、完整，越能从纷繁的背景中分离出来。

视知觉会受到人的知识结构、文化素质、审美趣味、心理情绪、主观意向、价值观和习惯定势等因素的影响。

知觉试图将其简化和完美化，从中找出图形的总体特征。

简约性和完形性的需求，表明人们对秩序和完满的一种内在需求。当视阈中出现的图形较对称、规则和完美时，人们便会得到心理的满足，所以在设计中，越是趋于简洁的设计，越能唤起理性的感情；越是图形概括、完整，越能从纷繁的背景中分离出来。基本几何图形可以看成是对世界的抽象，是符合理性的完美形式。同样，图形构成的内部结构越清晰可见、越简洁，越容易为人们知觉。当人们知觉到复杂的形式时，就设法简化图形构成的结构，以便找到基本的构成法则。从复杂的对象中找到基本的结构方式是人们知觉图形的基础。只有当人们知觉到图形的内部结构时，才能产生审美愉悦。如果图形特别复杂，结构方式不易被解释，就会造成知觉困难。

### 5.2.2 理解性

人在感知当前事物时，总是借助于以往的知识经验来理解它们，并用词把它们标出来，这种特性称为视知觉的理解性。视知觉的理解性要有充分的判断依据，其中经验是最重要的。视知觉的经验积累是理解新视觉图像的基础。同时，视知觉会受到人的知识结构、文化素质、审美趣味、心理情绪、主观意向、价值观和习惯等因素的影响。

在视知觉信息不足或复杂的情况下，视知觉的理解性需要语言的提示和思维的帮助。比如，很多旅游风景区都有像某种动物的景点，也许开始你会看不出来，但如果有人提醒，就会越看越像。视知觉的理解性使人的知觉更为深刻、精确和迅速。

视知觉的理解性是比视知觉的选择性更高级的抽象，是在感觉的基础上借助思维和语言的知觉。因此，优秀的设计作品是具有文化底蕴、符号功能和语义功能的，具有丰富的内涵和多样的可理解性。

如在界面交互设计中，使用大字体和醒目的色彩可以让特定的数据成为视觉的焦点。普通的数据和内容使用中性的黑白灰色来展现，而关键的数据则使用强对比的色彩，起到行为召唤的作用，这样可以让用户的注意力更加集中。

明亮的色调加上中性的色调是最容易搭配的方案，同时也是视觉上最引人注意的方案。被放大的字体和更加显眼的色彩无疑在整个界面中更加具有视觉吸引力，无须更多的提示，用户就知道眼睛应该看哪里（见图 5.2-2）。

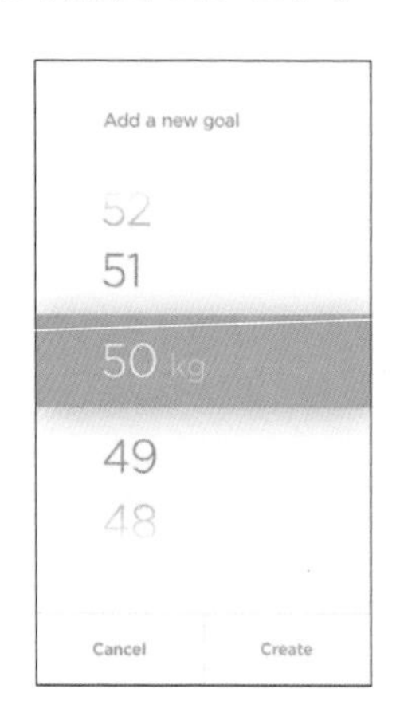

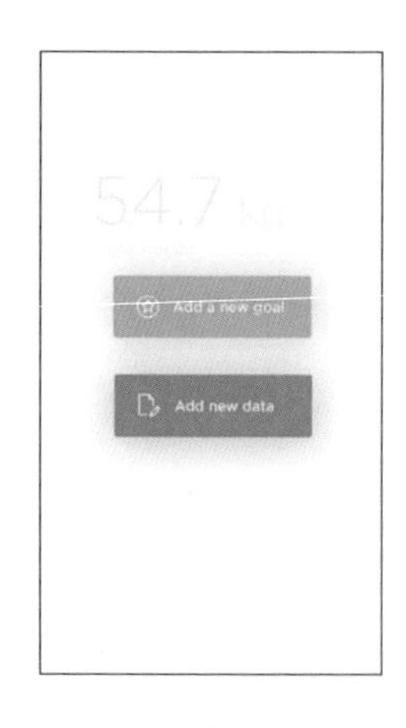

◎ 图 5.2-2　聚焦数据

再如大行其道的极简主义设计，留白是其最重要的特征，也是使极简主义设计最富有亮点的一个特征。它对引导用户视觉流向也是很有帮助的：某元素周围的负空间越多，该元素受关注的可能性越大。如图 5.2-3 所示的苹果公司官网主页，页面上半部分留足负空间，并加入高质量元素，随着页面滚动，内容密度也不断增加。

◎ 图 5.2-3　苹果公司官网主页

然而，一方面，一般设计的对象更多的是复杂、不规则和新颖的图形，而且很多图形在构成上反而追求不规则性，以创造出富有新意的形式。但是，真正有感染力的不规则、不完全和创新的图形，并不是模棱两可和不可理解的，而是通过省略了某些部分，将其他关键部分突出出来，并进一步使这些突出的部分蕴涵着一种向某种完形运动的压强，给人新鲜、奇妙、振奋的感受，这种感受就像竭力猜谜一样使人高度集中注意力，潜力得到充分发挥，整个身心全力投入，这伴随着创造性知觉活动的特有的紧张，这种紧张通过解决问题而获得审美愉悦。通过形变和空间位置颠倒等形式同样会造成审美愉悦的紧张。设计形变正在向着含蓄性、模糊性的方向发展。也就是说，设计尽量舍弃人们熟悉的东西，而将人们不熟悉的东西凸显出来，让观者自己去组合成一个完形。

另一方面，审美求异心理使人们对未见过的事物极其敏感，不规则的图形更能引起人们的注意。而当人们在知觉活动中，对图形进行知觉重构，能够对其进行解释时，才能引起人们的审美愉悦。完形压强就是人们在观看一个不规则、不完美或较复杂的图形时所感受到的那种紧张，以及竭力想改变它、归纳它，使之成为完美的、认识的图形的趋势。在完形心理学中，这种趋势被解释成机体的一种能动地自我调节的倾向，即机体总是最大限度地追求内在平衡的倾向。完形压强越大，引起的紧张感越强。比如，人们看具象绘画时容易获得对象

视知觉的整体性：视知觉的对象一般是由不同的部分和不同的属性组成的，对人发生作用的时候，是分别作用或者先后作用于人的感觉器官的，但人并不是孤立地反映这些部分和属性，而是把它们结合成有机的整体。

的特征，而观看抽象绘画时就会产生特别紧张的心理。

从设计视知觉的简约性原则、完形原则和理解性来看，现代设计极其完美、单纯和明确的形式很容易赢得人们的好感，而结构相当复杂并有艺术趣味、文化性和多义性的后现代设计也为人们所欣赏。

### 5.2.3 整体性

视知觉的对象一般是由不同的部分和不同的属性组成的，对人发生作用的时候，是分别作用或者先后作用于人的感觉器官的，但人并不是孤立地反映这些部分和属性，而是把它们结合成有机的整体，这就是视知觉的整体性。当我们看见一幢建筑时，并不是先把色彩、线条、门窗、形状、材料等感觉到的局部加起来达到知觉，而是以一种完整的组织形式迅速构成某种完整的知觉形象，从而感受和理解对象的结构形态、情感基调和直接意蕴。这是一种知觉“完形”、一种“格式塔”。视知觉主体的经验和刺激物的性质、特点是影响视知觉整体性的两个重要因素。

完形心理学家曾对图形—背景关系进行了研究。人的视知觉是集中在视阈中的一部分事物上的，这部分称为图形，而其余部分则称为背景。由此，视阈中形成了图形和背景的分化，二者在知觉的性质上不同。图形趋向于轮廓更加分明、更好定位、更加紧密和完整；而背景则显得不确定和模糊不清。图形处于背景之前，而背景在图形后面以一种连续不断的方式展开。图形和背景是由轮廓线区分开来的，轮廓线实际上是图形和背景所共有的。当视线转移时，图形和背景发生颠倒，轮廓线便从一个图形转换到另一个图形上（见图 5.2-4）。

图形和背景其实是紧密联系在一起的，图形是从背景中凸显出来的，背景是图形不可缺少的部分，丰富而有意味的图形和背景构成了完整的“格式塔”。比如，建筑设计中不仅要推敲建筑实体的组合，还必须考虑由实体切割出来的虚的空间及其与周围建筑和环境的关系，周围的空间、环境背景和建筑实体构成一个完形，都是建筑设计的处理对象。因此，设计师在构思时常常勾勒各个角度的透视草图，正是努力使设计成为一个良好的完形。

◎ 图 5.2-4　埃舍尔的作品《天使和恶魔》

如图 5.2-5 所示为唐山爱琴海购物公园主入口的模数化格栅，它减缓了大面积立面可能产生的厚重凝滞感，并借此排列衔接起暗隐起伏的流动与节奏感，突破方矩的流体线条，其半透明性因不同时段的光感强弱而使空间体现更加温婉的气质，营造出了有虚有实、亦静亦动的径流意象。

◎ 图 5.2-5　唐山爱琴海购物公园主入口的模数化格栅

知觉的恒常性：当视知觉的对象在一定范围内变化的时候，知觉的映像仍然保持相对不变。

### 5.2.4　恒常性

当视知觉的对象在一定范围内变化的时候，视知觉的映像仍然保持相对不变，视知觉的这种特性称为视知觉的恒常性。视知觉的恒常性表现得特别明显。例如，一个人站在离我们不同的距离上，他在我们视网膜上的空间大小是不同的，但是我们总是把他知觉为一个同样大小的人。一个圆盘，无论如何倾斜或旋转，事实上我们所看到的可能是椭圆形的，甚至是线段式的，但我们都会当它是圆盘。在强光下煤块反射的光量远远大于在暗处的粉笔所反射的光量，但这并不妨碍我们感觉煤块的颜色比粉笔深。

视知觉的恒常性是因为客观事物具有相对稳定的结构和特征，而我们对这些事物有比较丰富的经验，无数次的经验校正了来自每个感受器官的不完全的甚至歪曲的信息。如果我们知觉的是一个全新的对象，而且周围没有熟悉的事物可以参照，那么我们对于这个事物不会产生视知觉恒常性。

## 5.3　全方位的设计心理学研究

心理学经过多年的研究，内涵和外延都在不断地扩大和充实，形成了多方位的心理学研究领域（见图 5.3−1）。

以下对极具代表性的格式塔心理学与人本主义心理学需求层次论进行简述。

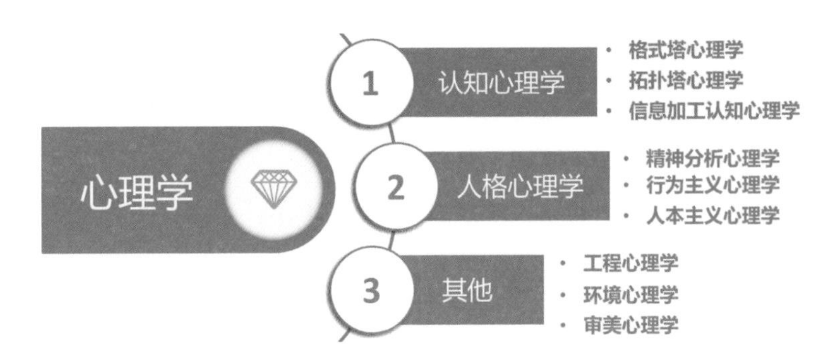


◎ 图 5.3-1　多方位的心理学研究领域

## 5.3.1　格式塔心理学的八大原则

格式塔（Gestalt）可以直译为“形式”，一般被译为“完形”，格式塔心理学也可以被称为完形心理学。1912 年，惠特海姆（Wertheimer）、考夫卡（Kurt Koffka）和科勒（Wolfgang Kohler）在似动现象的基础上创立了格式塔心理学。它始于视觉领域的研究，但又不限于视觉领域及整个感知觉领域，而是包括了学习、回忆、情绪、思维等许多领域。它强调经验和行为的整体性，认为知觉到的东西要大于单纯的视觉、听觉等，个别的元素不决定整体，相反局部却决定整体的内在特性。

格式塔心理学是设计心理学最重要的理论来源之一，它主要包括如图 5.3-2 所示的 4 个研究内容。

下面简单介绍 8 种格式塔心理学的关于“形”的设计原则（见图 5.3-3）。

### 1. 图形与背景的关系原则

当我们观察的时候，会认为有些物体或图形比背景更加突出（见图 5.3-4）。

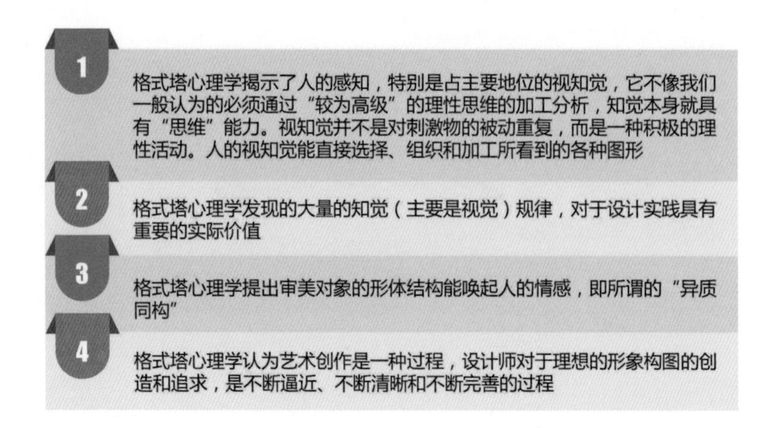


◎ 图 5.3-2　格式塔心理学的 4 个研究内容

◎ 图 5.3-3　格式塔心理学的设计原则

◎ 图 5.3-4　图形与背景的关系原则

### 2. 接近或邻近原则

空间上彼此接近的部分，距离较短或互相接近，容易组成整体（见图 5.3-5）。

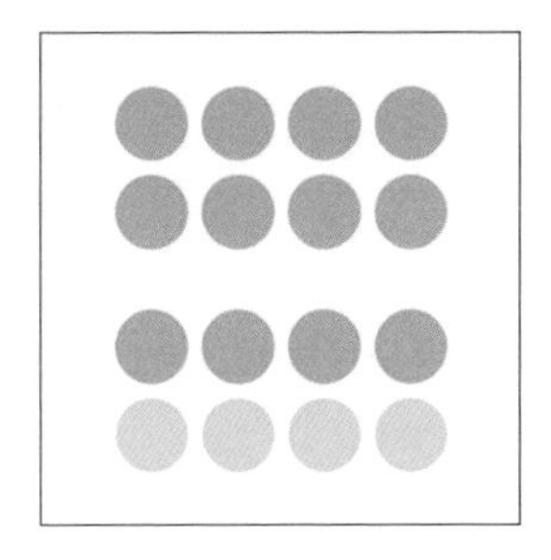
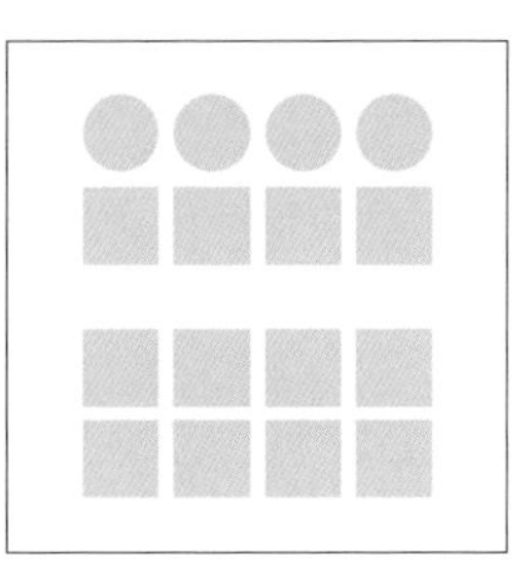

◎ 图 5.3-5　接近或邻近原则

## 3. 相似原则

与邻近度相同，相似度也是资讯架构规划的一大利器。相似度的基本概念，就是人类会将特质相似的物品视为在同一个组群，而“特质相似”在视觉上主要有颜色、造型、大小和肌理四种不同的元素可供运用。在这四种元素中，颜色是最具有凝聚力的一种。从图 5.3-6 就可以看出来，尽管大小和造型不同，只要颜色相同，就很容易会跳出来成为一个组群。

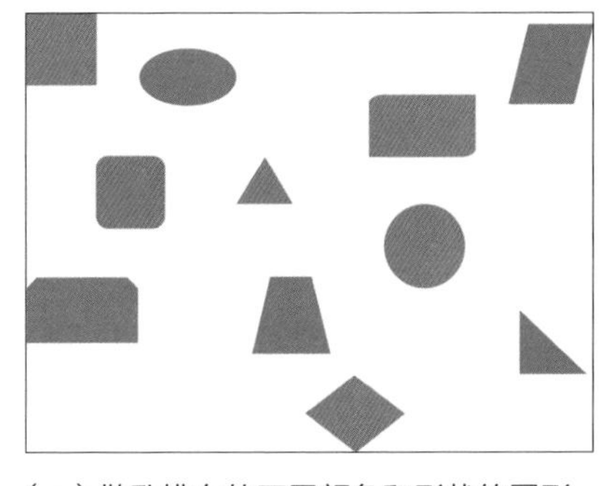

（a）散乱排布的不同颜色和形状的图形

（b）颜色相同的会被归类至一个组群

◎ 图 5.3-6　相似原则

## 4. 完整和闭合原则

直觉印象随环境而呈现最为完善的形式，彼此相属的部分容易组成整体；反之，彼此不相属的部分则容易被隔离开来（见图 5.3-7）。

◎ 图 5.3-7　完整和闭合原则

5. 延续原则

延续法则又称共方向原则、共同命运原则。如果一个对象中的一部分都向共同的方向去运动，那这个共同移动的部分就易被感知为一个整体。如图 5.3-8 所示，在海中畅游的鱼群或者在草原上奔跑的羊群，你会认为是一个整体。

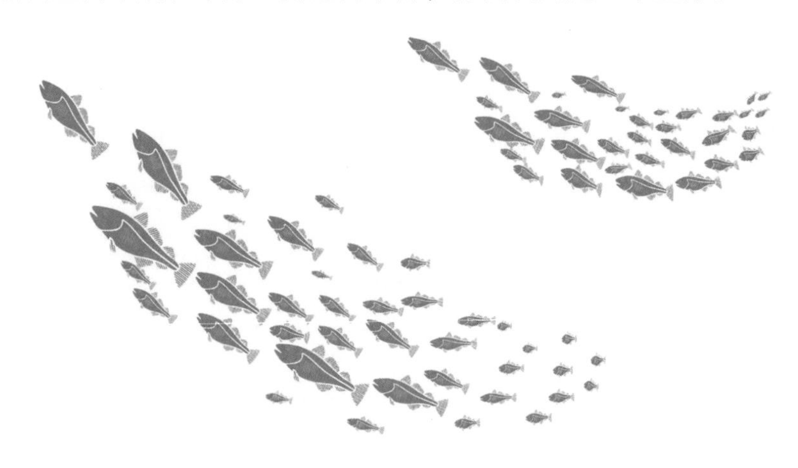

◎ 图 5.3-8　延续原则

6. 熟悉性原则

人们对一个复杂对象进行知觉时，只要没有特定的要求，就会常常倾向于把对象看作是有组织、简单、规则的内容或图形。如图 5.3-9 所示，很容易想当然按照常识看成“A BIRD IN THE HAND”。

◎ 图 5.3-9　熟悉性原则

### 7. 连续性原则

如果一个图形的某些部分可以被看作是连接在一起的，那么这些部分就相对容易被知觉为一个整体。如图 5.3-10 所示，按照连续性原则更容易看成两个圆形的部分重叠。

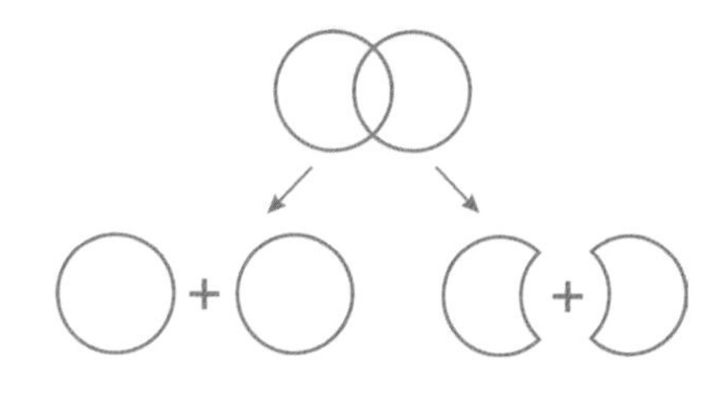

◎ 图 5.3-10　连续性原则

### 8. 视知觉恒常性原则

人们总是将世界知觉为一个相当恒定以及不变的场所，即从不同的角度看同一个东西，落在视网膜上的图形是不一样的，但是我们不会认为这个东西变形了。视知觉恒常性原则包含了明度、颜色、大小、形状的恒常性，如图 5.3-11 所示的“门”。

◎ 图 5.3-11　视知觉恒常性原则

## 5.3.2　马斯洛的人本主义心理学需求层次论

人本主义心理学兴起于 20 世纪 50~60 年代的美国，由亚伯拉

根据马斯洛提出的需求层次论，人的需求分为生理、安全、情感、尊重和自我实现五个层次，是分层次梯级上升的。从最低层次的生理需求到最高层次的自我实现的需求，个体的自我实现或实现潜能的渴望是人类最高级的需求，是人类最健康、最光明的一面。

罕·马斯洛创立，以罗杰斯为代表，强调人的正面本质和价值，以及人的成长、发展和自我实现。马斯洛的人本主义理论起始于他对人类动机的兴趣，一方面不满意行为主义的许多基于动物的行为研究来推断人类行为；另一方面认为弗洛伊德的精神分析只能反映人类病态的一面。

根据马斯洛提出的需求层次论（见图 5.3–12），人的需求分为生理、安全、情感、尊重和自我实现五个层次，是分层次梯级上升的，从最低层次的生理需求到最高层次的自我实现的需求，个体的自我实现或实现潜能的渴望是人类最高级的需求，自我实现是人类最健康、最光明的一面。

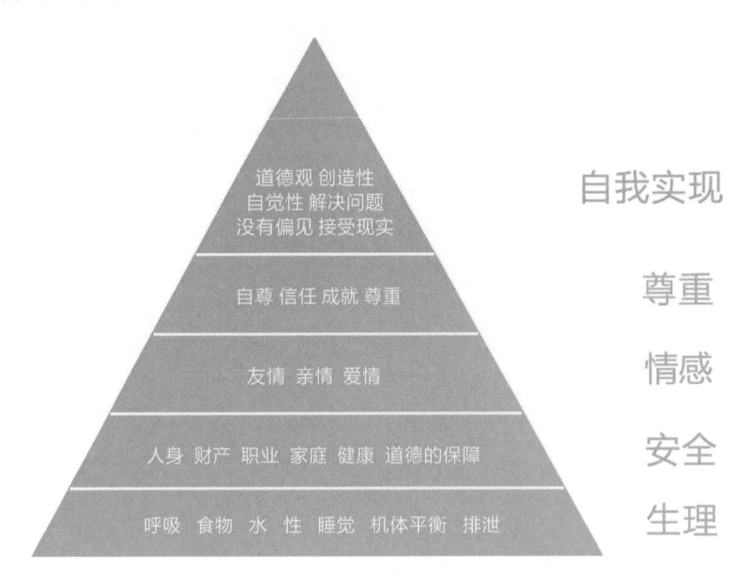


◎ 图 5.3–12　马斯洛的需求层次论

席克定律认为，做决策所需的时间会随着可选择项的数量和复杂性而增加。

### 5.3.3 三条具有普适性意义的心理学原则

每个设计师都应该掌握一些心理学的基础知识，以一些关键原则作为设计指南，而不是强迫用户遵守某种产品或体验设计。以下将介绍和讨论的三条具有普适性意义的心理学原则，将大大有助于在日常设计工作中构建更加易用的、以人为本的产品和体验。

#### 1. 席克定律（Hick's law）

设计师的首要任务是整合信息，并以清晰的层级将其呈现，毕竟良好的沟通是力求清晰。这就不得不提到一条关键原则：席克定律。席克定律是重要的交互设计定律之一，能够有效地帮助我们解决决策效率导致的用户流失的问题。

席克定律认为，做决策所需的时间会随着可选择项的数量和复杂性而增加。这意味着界面的复杂度会增加用户的处理时间，这点很重要，它涉及心理学中的另一个理论——认知负荷。人在面临的选择越多的时候，所要消耗的时间成本越高。例如，一家餐馆的菜单上有100 道菜，食客在点到一半的时候可能就崩溃了，从而放弃在这家餐馆就餐；而假设菜单上只有 10 道菜，食客则会很快点完菜并享用这顿丰盛的美食。原因很简单，菜单上有 100 道菜，食客点菜所需要付出的时间成本太高，以至于中途放弃；而菜单上有 10 道菜，则仅消耗很短的时间就可以完成点菜操作。显而易见，人们更喜欢根据左边的菜单点菜（见图 5.3-13）。

生活中用到席克定律的例子比比皆是，有一个是遥控器。随着电视机功能的增加，遥控器上的选项随之增多，使遥控器的界面甚至复杂到需要肌肉记忆的重复或耗费大量的心力去操作。这就导致了图 5.3-14 中“老年人遥控器”的出现。除了必需的按钮，其他按钮都被包裹住，这便是孩子们为长辈提升遥控器操作界面可用性的土方法。

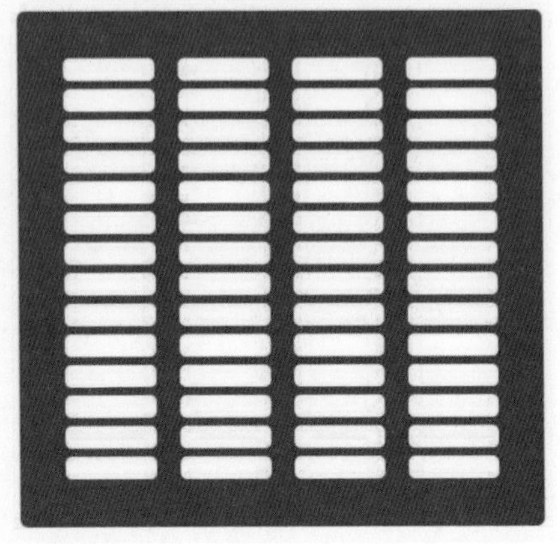

◎ 图 5.3-13　同样的菜不同的菜单，你会选择哪一个？

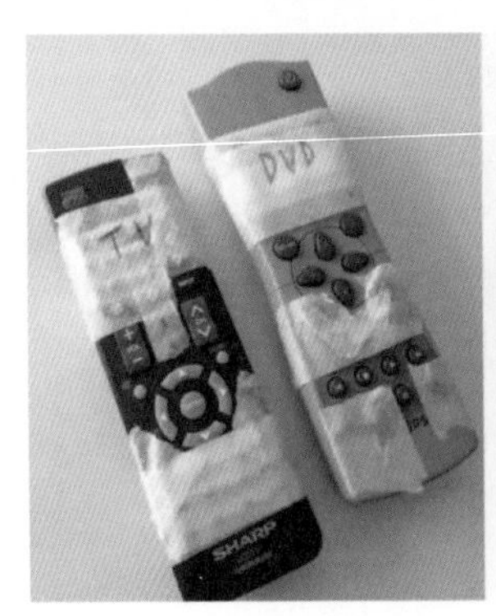

◎ 图 5.3-14　为长辈提升遥控器操作界面可用性的土方法

与上面的例子截然不同，Apple TV 的遥控器将操控简化为几个必要的按钮（见图 5.3-15）。它并不需要过多的工作记忆，就可以很好地减少使用者的认知负荷，而将复杂性转移至 TV 本身，在电视屏的菜单中有效地组织信息，用户只需通过遥控器按钮逐级选择即可。

米勒定律预测人的工作记忆能够记住的项为 7(±2) 个。

◎ 图 5.3-15　Apple TV 的遥控器仅留下必要的按钮

## 2. 米勒定律（MIller's law）

米勒定律预测人的工作记忆能够记住的项为 7(±2) 个。1956 年，认知心理学家乔治・米勒发表了一篇论文，讨论了短期记忆和记忆跨度的极限。不幸的是，多年来人们对这一启发式结论有着诸多误解，导致“神奇的数字 7”被误用来证明一些不必要的限制（如将界面菜单限制在 7 个以内）。

对电话号码的组块就是最典型的例子（见图 5.3-16）。组块前，电话号码只是一长串数字，理解和记忆的难度高，而组块后的电话号码就十分容易被理解和记忆。

| 4408675309 | (440) 867-5309 |
| --- | --- |

◎ 图 5.3-16　电话号码被组块的例子

“满屏文本”常常为用户带来困扰，组块即可以合理区分标题，并恰当地处理句子

雅各布定律鼓励设计师遵循常见的设计模式，以避免混淆用户或导致更高的认知成本。

和内容的长度，解决这一问题。

在界面设计中，使用组块的另一个例子体现在布局上（见图 5.3-17）。通过将内容分组到不同的模块中，可以帮助用户理解信息结构和层级关系。特别是在信息密集的场景中，利用组块来区分信息层级不仅可使界面美观，而且易于阅读。

◎ 图 5.3-17　支付宝的首页设计的 6 个主要功能模块

### 3. 雅各布定律（Jakob's law）

2000 年，易用性专家雅各布·尼尔森提出并描述了用户对设计模式的期望是基于他们从其他网站所积累的经验。该原则鼓励设计师遵循常见的设计模式，以避免混淆用户或导致更高的认知成本。该定律指出如果用户已将大部分时间花费在某个网站上，那么他们会希望你的网站可以与那些他们已熟悉的网站一样拥有相似的使用模式。

但如果所有的网站都遵循相同的设计模式，那就会变得非常无聊。在熟悉用户的过程中，我们可以挖掘价值点，这就引出了心理学中另一个对设计师很关键的基本概念——心智模型。

心智模型是我们对系统的主观了解和认识，特别是它的工作原理。

无论是网站还是汽车，我们内在都会建立一个关于系统如何运作的心智模型，然后将该模型应用于类似系统的新场景。也就是说，我们在与新事物互动的过程中，用户使用的是以往的经验。

对设计师来说，可以匹配用户的心智模型来改善体验。因此，用户可以轻松地将已有经验从一种产品或体验转移到另一种产品上，无须额外了解新系统的工作原理。当设计师与用户的心智模型一致时，良好的用户体验就得以实现了。

缩小两者心智模型间的差距是设计师所面临的最大挑战之一。为实现这一目标，我们采用了多种方法：用户访谈、用户画像、用户体验地图等。这一切的关键不仅是要深入了解用户的目标，更是要深入他们现有的心智模型，并且将其应用到我们正在设计的产品或体验中。

你是否思考过为什么表单控件被设计成现在的样子？因为设计人员内在有一个关于这些元素理应长什么样的心智模型。这个内在模型源自物理世界触觉反馈的对应物，如在物理世界中已熟悉的控制面板、拨动开关、无线电输入接口，甚至按钮等（见图 5.3-18）。

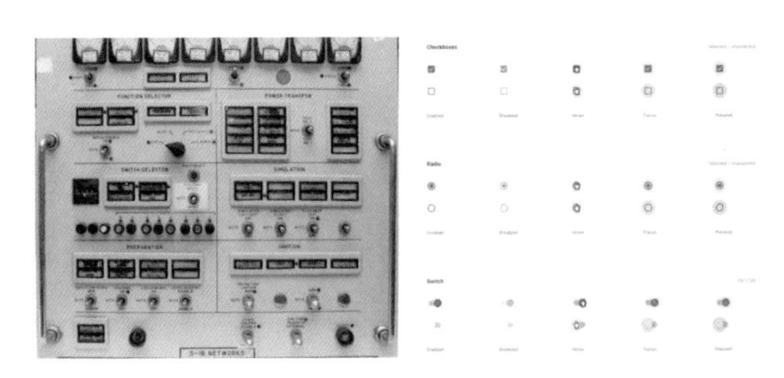


◎ 图 5.3-18　控制面板元素和典型表单元素之间的比较

但是，需要我们警醒的是，设计师一方面利用心理学来打造更易用的产品和体验，另一方面也可以滥用这些原则，创造出容易使人上瘾的应用或网站。有人认为，我们正处于一场流行病当中，因为我们的注意力被手机所占据。

毫不夸张地说，移动平台和社交网络确实投入了大量精力来保持用户黏性， 而且越做越好。这种成瘾性开始变得众所周知，从睡眠的减少到对社交关系恶化产生的焦虑。很明显，这场争夺我们注意力的竞赛产生了一些意想不到的后果。当这些影响开始改变我们的生活方式时，它们就成了一种问题。

作为设计师，我们的职责是与用户的目标和期望保持一致，创造卓越的产品和体验。换句话说，我们应该借助技术手段提升用户体验，而不是用虚拟的互动和奖励来取代它。想要做出顺应道德的设计决策，第一步是去理解人类的思维是如何被利用的。

我们还必须思考什么该做和什么不该做。我们的团队几乎有能力构建所有你能想象到的东西，但这并不意味着我们应该这样做——尤其是当我们的目标与用户目标相悖的时候。

最后，我们必须考虑使用数据之外的指标。数据揭示了很多事情，但它没有告诉我们为什么用户会以某种特殊的方式使用产品，或告诉我们产品如何影响了用户的生活。为了深入理解这一原因，设计师必须倾听并接纳用户，跳出屏幕与他们交谈，用定性研究指导设计优化。

## 5.4 设计心理学与消费需求

现代设计是直接针对市场消费的，设计的目的是为品牌创造价值，满足消费者的物质需要和精神需要，同时也为商家赢得更高的利润。设计的受众目标是已有的和潜在的消费者，如果设计达不到消费者生理与心理的满足，得不到消费者的认可，那么，无论设计有多少艺术性、科学性、时尚性，仍然不是一项成功的设计。因此，消费者的心理对设计非常重要。设计心理学研究消费者的心理动态，主要目的是沟通

设计心理学研究消费者的心理动态，主要目的是沟通设计者与消费者，使设计者了解消费者的心理规律，从而使设计、生产、销售最大限度地与消费者的需求匹配，满足各层次消费者的需要。

设计者与消费者，使设计者了解消费者的心理规律，从而使设计、生产、销售最大限度地与消费者的需求匹配，满足各层次消费者的需要。

设计心理学应考察消费者在消费过程中的需求、态度、动机和购买四个方面的心理因素。消费者的消费行为源于需求，消费者的需求也正是设计的动力和目的。

### 5.4.1 现代消费者的需求特征

如图 5.4-1 所示为现代消费者的需求特征。

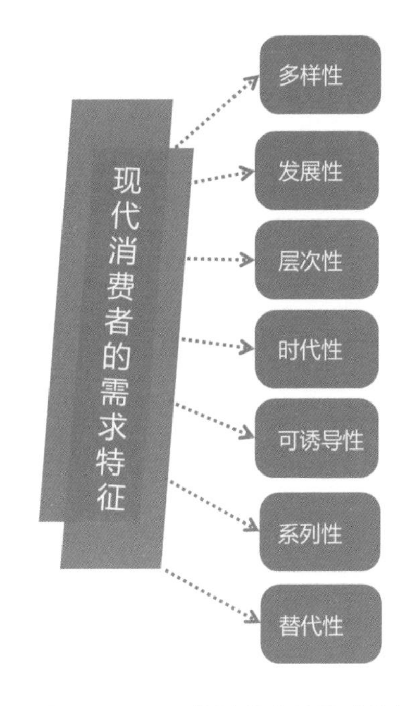


◎ 图 5.4-1 现代消费者的需求特征

1. 多样性

由于消费者的收入水平、文化程度、职业、年龄和生活习惯等的不同，消费需求也千差万别。

2. 发展性

随着社会经济的发展和科学技术的进步，人们的消费能力相应发展，产品工艺不断更新，因此要求设计师不断接受新工艺、新材质，更新设计理念。

### 3. 层次性

人的需求是有层次的，总是先满足最基本的生活需求，而后满足社会性及精神的需求，设计先要满足产品的功能性需求，在此基础上还有美观性、经济性需求。

### 4. 时代性

消费者的需求常常受到时代精神、潮流和环境等因素的影响，成功的设计都具有很明显的时代特征。

### 5. 可诱导性

消费者的需求是可以引导和调节的，设计师应当引导消费者，以产生一种新的消费趋势。

### 6. 系列性和替代性

消费者的需求有系列性，购买商品时有连带购买现象，尤其是服饰类，这些都要求设计师应熟悉市场动态，注重系列产品的开发。

消费者的消费态度对设计也有很大的影响。态度是我们对任何特定的事物、人、观念的一种持续的心理系统，这个系统包含了认知成分、情感成分和行为倾向（见图 5.4−2）。

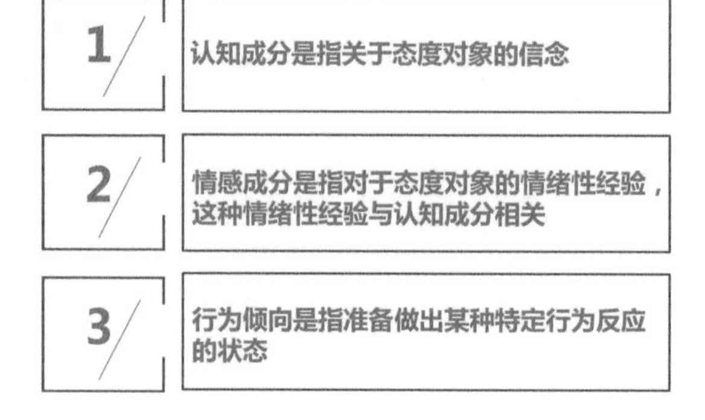


◎ 图 5.4−2　消费态度中所包含的认知成分、情感成分和行为倾向

实际上，在许多情况下，消费者的消费行为是情绪在起主要作用。消费者的情绪是消费者在消费活动中对特定消费品所持的态度、体验与反应形式，是以特定消费品能否满足人的需求为基础的，如那些能够满足需求的消费品，会引起各种肯定的态度和体验，使人产生满意、高兴、喜悦、爱慕的情绪反应；反之则会引起否定的态度和体验，使人产生痛苦、忧愁、厌恶、恐惧、憎恨的情绪反应。从这些方面来分析，设计师应提高沟通能力，努力获得肯定评价。

在人类社会发展过程中，消费者的消费态度经历了三个时代：理性消费时代，这一时代的物质尚不充裕，消费者在安排消费行为时非常理智，不仅重视质量，也重视价格，追求价廉物美和经久耐用；感觉消费时代，当社会物质财富开始丰富，人们的生活水平大大提高时，消费者的价值选择开始重视品牌、形象；情感消费时代，这个时代的消费者更重视情感上和心灵上的满足和充实，对商品的需求已跳出了价格、质量的层次，也跳出了品牌与形象的误区，要求产品针对消费者的个性、情趣、地位、生活方式等，给予心理、情感和心灵方面的满足。这就要求设计师从客户的各项信息中提取个性化元素，千篇一律的设计达不到消费者的“满意”程度。

如图 5.4-3 所示为荷兰 Allocacoc 工业设计公司设计的一款制冷杯。它的使用简单快速，无须准备，插上电源打开开关后，底座金属表盘的温度将在 60 秒内降至 -18℃，制冷一杯室温饮品的速度比电冰箱快 6 倍。其特别定制的杯身大小，符合市面上大多数瓶装或罐装饮料的体积，可以让用户将喜爱的饮品直接置入其中。同时，其机箱散热片选用航空级材料，确保了杰出的制冷和持续保冷的功能，省去了将饮品拿出冷柜后逐渐变温的烦恼，让人可以持续喝到可口的饮料。

◎ 图 5.4-3　荷兰 Allocacoc 工业设计公司设计的一款制冷杯

## 5.4.2　消费动机的类型

消费者购买产品是要满足需求和解决问题，因此消费动机对消费行为的影响是显而易见的。消费动机驱使个体的消费行为，而个体心理特征或者个性使不同的个体选择不同的行为去实现和满足消费动机。消费动机的具体类型如图 5.4-4 所示。

◎ 图 5.4-4　常见的 6 种消费动机

### 1. 实用动机

消费者重视商品的质量、功效，讲究经济实惠和经久耐用。

### 2. 便利动机

消费者看重省时、便利、快捷。现代生活的快节奏促使各类商品细分化、专业化。在设计中应充分考虑人性化，为消费者的生活带来便利。

### 3. 从众动机

消费者会不自觉地受大众影响，表现在选择时和别人保持同一步调，社会风气和群体行为会产生一种驱使力，促使其随大流。正是在这种动机下，出现了类似的设计，但是设计师仍应该在相似中创造不同。

### 4. 创新动机

消费者看重款式、色彩搭配、造型等的新颖和流行等特征。在经济允许的情况下，消费者普遍都有求新的动机，正是这种动机带来了设计行业的发展，设计在保持品牌风格的同时需要不断创新。

### 5. 审美动机

消费者讲究欣赏价值与艺术价值。随着生活水平的提高、文化教育的发展，这类动机越来越普遍，特别是青年一代尤为突出。现代设计中对色彩的运用、各种风格的追求等，都是受审美动机驱使的。

苏格兰艺术家 Graham Muir 精于玻璃工艺，他手工制作的一系列玻璃艺术作品形态犹如羽毛（见图 5.4-5），轻盈透亮而又带有丝丝的色彩，非常漂亮。

### 6. 名誉动机

消费者看重商品的象征意义，以此显示自己的身份、品位，具有一定实力的消费者都有这种消费动机，这些就是奢侈品牌能够成功的原因之一。消费者往往同时具有多种消费动机，并且在许多场合，这些消费动机同时作用。消费者的消费动机是决定消费行为的重要因素，了解消费动机可以为设计提供直接有效的参考依据。

◎ 图 5.4-5　宛若羽毛的玻璃艺术

# 第 6 章

# 设计表达

## 6.1 设计创意方法

如图 6.1-1 所示为 5 个设计创意方法。

◎ 图 6.1-1 5 个设计创意方法

### 6.1.1 头脑风暴

头脑风暴是一种激发参与者产生大量创意的特别方法。在头脑风暴的过程中，参与者必须遵守活动规则与程序。它是众多创造性思考方法中的一种，该方法的假设前提为：数量成就质量。

1. 何时使用

头脑风暴可用于设计过程中的每个阶段，在确立了设计问题和设计要求之后的概念创意阶段最为适用。执行头脑风暴的过程中有一个

头脑风暴是一种激发参与者产生大量创意的特别方法。

至关重要的原则，即不要过早否定任何创意。因此，在进行头脑风暴时，参与者可以暂时忽略设计要求的限制。当然，也可针对某一个特定的设计要求进行一次头脑风暴，例如，可以针对“如何使我们的产品更节能”进行一次头脑风暴。

## 2. 如何使用

一次头脑风暴一般由一组成员参与，参与人数以 4~15 人为宜。在头脑风暴的过程中，必须严格遵循以下 4 个原则（见图 6.1-2）。

◎ 图 6.1-2　使用头脑风暴的 4 个原则

（1）延迟评判。在进行头脑风暴时，每个成员都尽量不考虑实用性、重要性、可行性等因素，尽量不要对不同的想法提出异议或批评。该原则可以确保产出大量不可预计的新创意，同时确保每位参与者不会觉得自己或自己的建议受到了过度的束缚。

（2）鼓励“随心所欲”。可以提出任何想法——“内容越广越好”，必须营造一个让参与者感到舒心与安全的氛围。

（3）“1+1=3”。鼓励参与者对他人提出的想法进行补充与改进，尽力以其他参与者的想法为基础，提出更好的想法。

（4）追求数量。头脑风暴的基本前提就是“数量成就质量”。

在头脑风暴中，由于参与者以极快的节奏抛出大量的想法，因此很少有机会挑剔他人的想法。

### 3. 使用流程（见图 6.1-3）

（1）定义问题。拟写一份问题说明，例如，所有问句以“如何”开头。挑选参与人员，并为整个活动过程制作流程，其中必须包含时间轴和需要用到的方法。提前召集参与者进行一次会议，解释方法和规则。如果有必要，可能需要重新定义问题，并提前为参与者举行热身活动。在头脑风暴正式开始时，先在白板上写下问题，以及上述 4 个原则。主持人提出一个启发性的问题，并将参与者的反馈写在白板上。

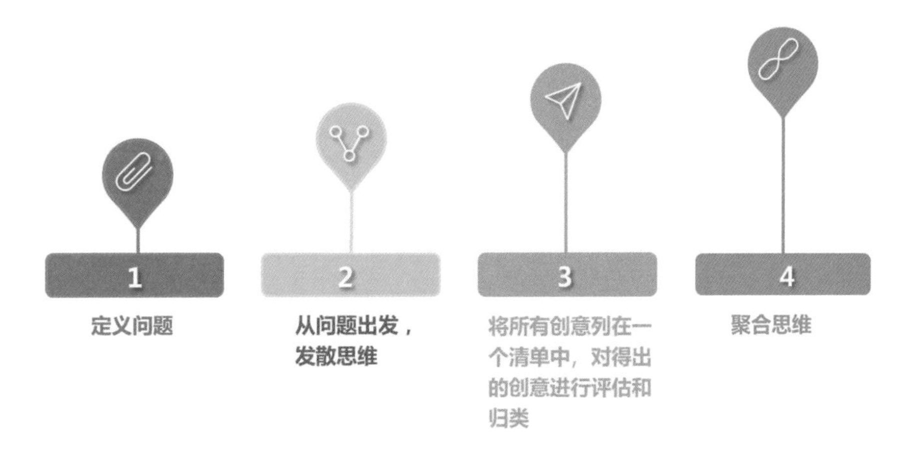


◎ 图 6.1-3　头脑风暴的使用流程

（2）从问题出发，发散思维。一旦生成了许多创意，就需要所有参与者一同选出具有前景或有意思的想法并进行归类。一般来说，这个选择过程需要借助一些“设计标准”。

（3）将所有创意列在一个清单中，对得出的创意进行评估和归类。

（4）聚合思维。选择最令人满意的创意或创意组合，带入下一个设计环节，此时可以运用C-Box方法。

以上这些步骤可以通过如图6.1-4所示的3个媒介来完成。

◎ 图6.1-4　3个媒介

使用此流程，需注意以下两点：

（1）头脑风暴最适宜解决那些相对简单且“开放”的设计问题。对于一些复杂的问题，可以针对每个细分问题进行头脑风暴，但这样做无法完整地看待问题。

（2）头脑风暴不适宜解决那些对专业性知识要求极强的问题。

## 案例：IDEO设计公司

著名的IDEO设计公司（以下简称为“IDEO”）是采用头脑风暴法进行创造设计的典范。自1991年IDEO在加利福尼亚州的小城帕罗阿托诞生的那天起，它已经为苹果、三星、宝马、微软、保洁及Prada等公司设计了很多传奇产品。

IDEO主要的设计方式在于将一个产品构想实体化，并使此产品符合实用性与人性需求，其设计的宗旨是以消费者为中心的设计方式，这种理念最强调的是创新。在IDEO，除了工业设计师和机构工程师，还有多位精通社会学、人类学、心理学、建筑学、语言学的专家。IDEO经理提姆·布朗解释：“如果能够从不同的角度来看事情，可以得到更棒的创意。”

IDEO坚持著名的关于渴求度、可行度和价值度的产品理论，如图6.1-5所示。其理论是：所有产品都是三种视角激烈角逐的最终结果——渴求度（Desirability）、可行度（Feasibility）及价值度（Viability）。IDEO专注在新产品的渴求度上，这意味着他们思考的是如何制造出感性的、有着明确价值主张的产品，并从这一点出发来思考技术目标和商业目标。财富 500 强企业中的大多数并不是以这种方式工作的，当然，这也是那些企业要雇用 IDEO 的原因。

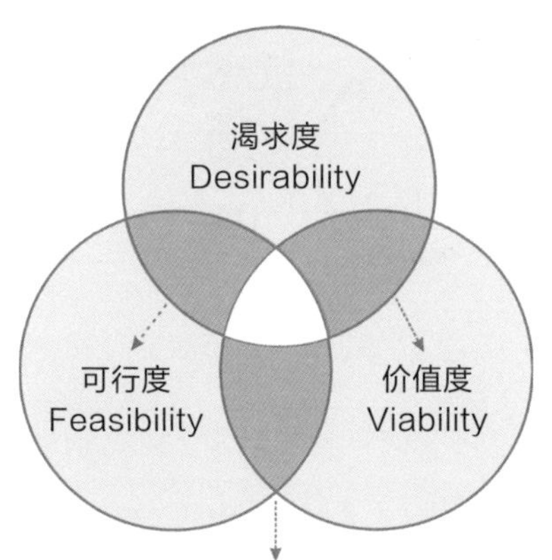


◎ 图 6.1-5　IDEO 关于渴求度、可行度和价值度的产品理论

开始一项设计前，往往会由认知心理学家、人类学家和社会学家等专家主导，与企业客户合作，共同了解消费者体验，其技巧包括追踪使用者、用相机写日志、说出自己的故事等，之后分析观察客户所得到的数据，并搜集灵感和创意。

IDEO 不仅善于观察并发现问题，更是以头脑风暴解决问题的。IDEO 设有专门的“动脑会议室”，这里是 IDEO 内最大、最舒适的空间。会议桌旁有公司提供的免费食物、饮料和玩具，让开会的人放松心情，激发更多的创意。每一场头脑风暴会议，三面白板墙在几小时内就会被大家一边讨论一边画下来的设计草图贴满。当所有人把画出来的草图放在白板上后，大家就用便利贴当选票，得到最多便利贴的创意就能胜出。而被选出来的创意马上就会从纸上的草图化为实体模型。头脑风暴已经成为 IDEO 创意流程中最重要的环节之一。

如图 6.1-6 所示为 IDEO 为日本 Shimano 公司设计的自行车，其最关键的要素就是保证消费者有良好的乘骑体验。

◎ 图 6.1-6　IDEO 为日本 Shimano 公司设计的自行车

IDEO 和 Steelcase 合作设计的课桌椅 Node 如图 6.1-7 所示，其对传统的办公椅做了改进，增加了一个小桌子用来放书本或笔记本电脑，下面还增加了放杂物的空间用来放书包。

◎ 图 6.1-7　课桌椅 Node

WWWWWH：Who（谁）、What（什么）、Where（何地）、When（何时）、Why（为何）、How（如何），是分析设计问题时需要被提及的最重要的几个问题。

### 6.1.2 WWWWWH

WWWWWH，即Who（谁）、What（什么）、Where（何地）、When（何时）、Why（为何）、How（如何），是分析设计问题时需要被提及的几个最重要的问题。通过回答这些问题，设计师可以清晰地了解问题、利益相关者以及其他相关因素和价值。

#### 1. 何时使用

设计师在设计项目的早期往往会拿到一份设计大纲，需要先对设计问题进行分析。WWWWWH 可以帮助设计师在拿到设计任务后对设计问题进行定义，并做出充分且有条理的阐述。WWWWWH 也适用于设计流程中的其他阶段，如用户调研、方案展示和书面报告的准备阶段等。

#### 2. 如何使用

问题分析有一个非常重要的过程：拆解问题。先定义初始的设计问题并拟订一份设计大纲，通过回答大量有关“利益相关者”和“现实因素”等的问题，将主要设计问题进行拆解；随后，重新审视设计问题，并将拆解后的问题按重要性进行排序。通过这种方法，设计师将对设计问题及其产生的情境有了更清晰的认识，且对利益相关者、现实因素和问题的价值有了更深入的了解。同时，对隐藏在初始问题之后的其他相关问题也有了更深刻的洞察。

#### 3. 使用流程（见图 6.1-8）

WWWWWH 是多种系统分析问题的方法之一。还有另一种方法是将初始的设计问题变成实现方法与设计目的之间的关系，即问一问自己：该项目的设计目的是什么，可以通过哪些手段实现这些目的。

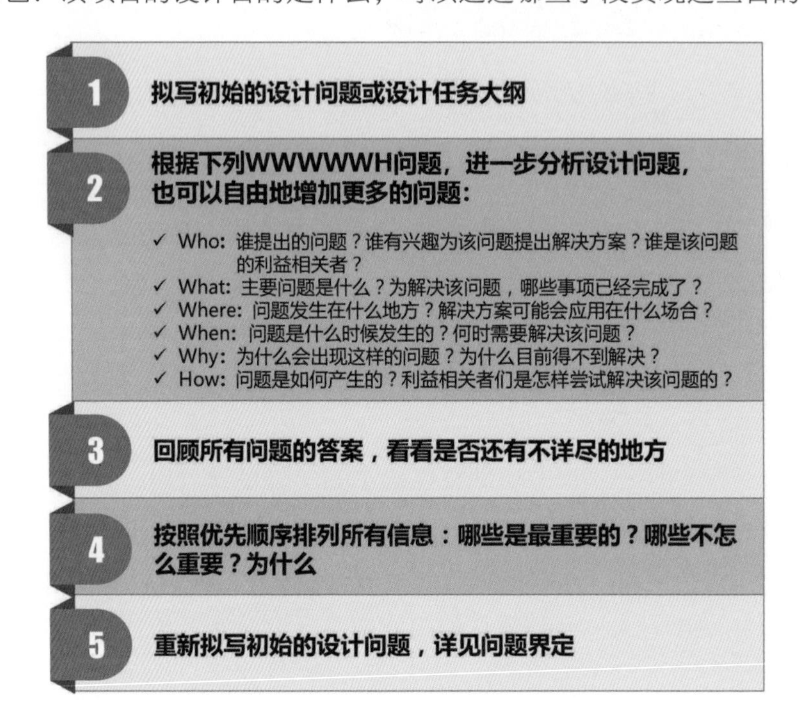


◎ 图 6.1–8　WWWWWH 的使用流程

案例：Chopchop 厨房台面（见图 6.1–9）

◎ 图 6.1–9　Chopchop 厨房台面

洗菜、切菜、做饭，这对正常人而言唯一的门槛就是“懒”，但

在创意的生成阶段，类比和隐喻法的作用尤其突出。透过另一个领域来看待现有问题能激发设计师的灵感，找到探索性的问题解决方案。

对残障人士而言则非常困难——他们可能因坐在轮椅上没法够得着台面，也可能无法单手切菜。

德国设计师 Dirk Biotto 设计的这套 Chopchop 厨房台面就是为残障人士设计的。它可以根据使用者的需求进行定制，而不是用一个方案就想解决所有问题；同时，Chopchop 采用的联锁钢管使洗手台可以升高或降低，解决坐在轮椅上没法够着台面的问题，穿孔背板可以随时调整各种厨房用具的摆放位置。

### 6.1.3 类比和隐喻

从灵感源（启发性材料）通往目标领域（即待解决的问题）的过程中，设计师可以运用类比和隐喻得到诸多启发，衍生出新的解决方案。

#### 1. 何时使用

在创意的生成阶段，类比和隐喻的作用尤其突出。透过另一个领域来看待现有问题能激发设计师的灵感，找到探索性的问题解决方案。类比通常用于设计中的概念生成阶段，该方法通常以一个明确定义的设计问题为起点；隐喻则常用于早期的问题表达和分析阶段。

使用类比时，灵感源与现有问题的相关性可近可远。例如，与一个办公室空调系统相关性较近的类比产品可以是汽车、宾馆或飞机空调系统；与其相关性较远的类比产品则可能是具备自我冷却功能的白蚁堆。隐喻有助于与客户交流特定的信息，该方法并不能直接解决实际问题，但能形象地表达产品的意义。例如，可以赋予某个概念个性化的特征（如新奇的或值得信赖的），从而激发客户特定的情感。使用隐喻时，应该选择与目标领域相关性较远的灵感源。

### 2. 如何使用

搜集相关的灵感源，要想得出更具创意的想法，应该在与目标领域相关性较远的领域中进行搜寻。找到启发性材料后，问一问自己为什么要将此灵感源联系到设计中，然后思考应该如何将其运用到新设计方案中，并决定是否需要运用类比或隐喻。使用类比时，切勿仅将灵感源的物理特征简单地照搬到所面对的问题中，而应该先了解灵感源与目标领域的相关性，并将所需特征抽象化后应用到潜在的解决方案中。设计师对观察结果抽象化的能力决定了可能获得启发的程度。

### 3. 使用流程（见图 6.1-10）

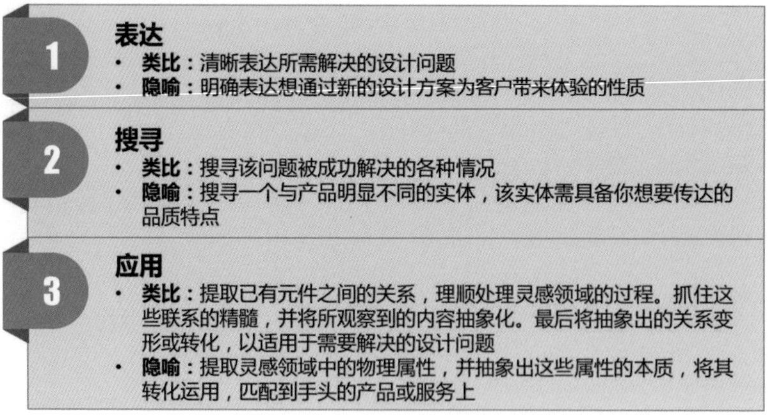

**1 表达**
- **类比**：清晰表达所需解决的设计问题
- **隐喻**：明确表达想通过新的设计方案为客户带来体验的性质

**2 搜寻**
- **类比**：搜寻该问题被成功解决的各种情况
- **隐喻**：搜寻一个与产品明显不同的实体，该实体需具备你想要传达的品质特点

**3 应用**
- **类比**：提取已有元件之间的关系，理顺处理灵感领域的过程。抓住这些联系的精髓，并将所观察到的内容抽象化。最后将抽象出的关系变形或转化，以适用于需要解决的设计问题
- **隐喻**：提取灵感领域中的物理属性，并抽象出这些属性的本质，将其转化运用，匹配到手头的产品或服务上

◎ 图 6.1-10　类比和隐喻的使用流程

需要注意的是，在使用类比时，设计师可能会花费大量的时间确定合适的灵感源，且这个过程并不能保证一定会找到有用的信息。如果这些启发性材料不能帮你找到解决问题的方案，那么你可能会陷入困境。因此，要相当熟悉启发性材料的相关知识。

奔驰法：一种辅助创新思维的方法，主要通过以下 7 种思维启发方式在实际中辅助创新：替代、结合、调适、修改、其他用途、消除和反向。

### 6.1.4 奔驰法

奔驰法是一种辅助创新思维的方法，主要通过替代、结合、调试、修改、其他用途、消除和反向 7 种思维启发方式在实际中辅助创新。

#### 1. 何时使用

奔驰法适用于创意构思的后期，尤其是在产生初始概念后陷入无计可施的困境时。此时，可以暂时忽略概念的可行性和相关性，借助奔驰法创造出一些不可预期的创意。在头脑风暴的过程中也常常用到此方法，参与者可以在这些创意的基础上通过奔驰法进一步拓展思路。独立设计师也可在个人项目中独自运用此方法。

#### 2. 如何使用

一般情况下，设计师可以运用上述 7 种思维启发方式针对现有的每一个想法或概念提问并思考。通过该方法产生更多的灵感或概念之后，对所有的创意进行分类，并选出最具前景的创意进一步细化（这一点与头脑风暴相似）。

#### 3. 使用流程（见图 6.1-11）

奔驰法的介绍中虽说只要运用 7 种思维启发方式就一定能得到创新的结果，但得出的创新结果的质量在很大程度上取决于设计师如何应用这些启发方式。因此，该方法对未受过专业训练的设计师而言效果并不理想。

| | | |
|---|---|---|
| 1 | 替代 | 创意或概念中的哪些内容可以被替代以便改进产品？哪些材料或资源可以被替换或置换？运用哪些其他产品或流程可以达到相同的结果？ |
| 2 | 结合 | 哪些元素需要结合在一起以便进一步改善该创意或概念？试想一下，如果将该产品与其他产品结合，会得到怎样的产物？如果将不同的设计目的或目标结合在一起，会产生怎样的新思路？ |
| 3 | 调适 | 创意或概念中的哪些元素可以进行调整改良？如何能将此产品进行调整以满足另一个目的或应用？还有什么与你的产品类似的东西可以进行调整？ |
| 4 | 修改 | 如何修改你的创意或概念，以便进一步改进？如何修改现阶段概念的形状、外观或给用户的感受等？试想一下，如果将该产品的尺寸放大或缩小，会有怎样的效果？ |
| 5 | 其他用途 | 该创意或概念怎样运用到其他用途中？是否能将该创意或概念用到其他场合或其他行业？在另一个不同的情境中，该产品的行为方式会如何？是否能将该产品的废料回收利用，创造一些新的东西？ |
| 6 | 消除 | 已有创意或概念中的哪些方面可以去除？如何简化现有的创意或概念？哪些特征、部件或规范可以省略？ |
| 7 | 反向 | 试想一下，与你的创意或概念完全相反的情况是怎样的？如果将产品的使用顺序颠倒过来，或改变其中的步骤顺序，会得出怎样的结果？试想一下，如果你做了一个与现阶段创意或概念完全相反的设计，结果会是怎样的？ |

◎ 图 6.1-11　奔驰法的使用流程

## 6.1.5　SWOT 分析

SWOT 分析能帮助设计师系统地分析企业运营业务在市场中的战略位置，并依此制订战略性的营销计划。营销计划为企业新产品的研发决定方向（见图 6.1-12）。SWOT 是 Strengths（优势）、Weaknesses（劣势）、Opportunities（机会）和 Threats（威胁）四个单词的首字母缩写，前两者代表企业的内部因素，后两者代表企业的外部因素。这些因素皆与企业所处的商业环境息息相关。外部分

SWOT 分析通常在创新流程的早期执行。分析所得结果可以用于生成（综合推理）“搜寻领域”。该方法的初衷在于帮助企业在商业环境中找到自身定位，并在此基础上做出决策。

析（OT）的目的在于了解企业及其竞争者在市场中的相对位置，从而帮助企业进一步理解企业的内部分析(SW)。SWOT 分析所得结果为一组信息表格，用于生成产品创新流程中所需的搜寻领域。

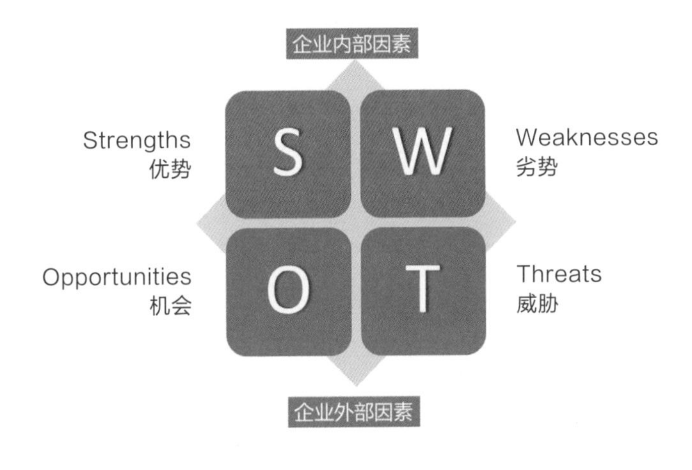


◎ 图 6.1-12　SWOT 分析法

## 1. 何时使用

SWOT 分析通常在创新流程的早期执行，分析所得结果可以用于生成（综合推理）“搜寻领域”。该方法的初衷在于帮助企业在商业环境中找到自身定位，并在此基础上做出决策。

## 2. 如何使用

从 SWOT 的表格结构上不难看出，此方法具有简单快捷的特点。然而，SWOT 分析的质量取决于设计师对诸多不同因素是否有深刻的理解，因此十分有必要与一个具有多学科交叉背景的团队合作。在执行外部分析时，可以依据诸如 DEPEST [ D= 人口统计学（Demographic）、E= 生态学（Demographic）、P= 政治学（Political）、E= 经济学（Economics）、S= 社会学（Social）、T= 科技（Technological）] 之类的分析清单提出相关问题。外部分析所得的结果能帮助设计师全面了解当前的市场、用户、竞争对手、竞争产品或服务，分析企业在市场中的机会以及潜在的威胁。在进行内部分析时，需要了解企业在当前商业背景下的优势与劣势，以及相对竞争对手而言存在的优势与不足。内部分析的结果可以全面反映出企业的优点与弱点，并且能找到符合企业核心竞争力的创新类型，从而提高企业在市场中取得成功的概率。

3. 使用流程（见图 6.1-13）

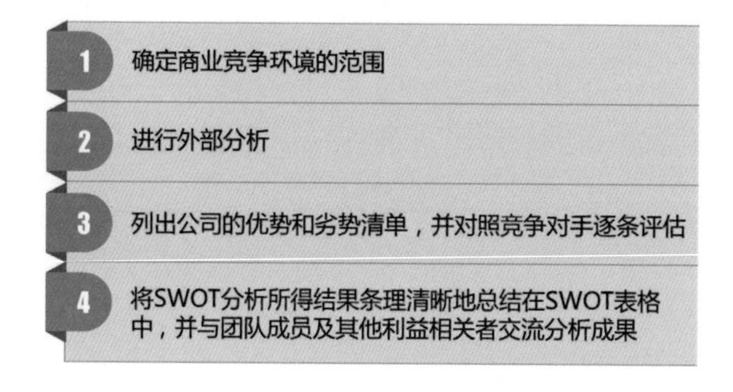


◎ 图 6.1-13　SWOT 分析法的使用流程

（1）确定商业竞争环境的范围。问一问自己：我们的企业属于什么行业？

（2）进行外部分析。如可以通过回答以下问题进行分析：当前的市场环境中最重要的趋势是什么？人们的需求是什么？人们对当前的产品有什么不满？什么是当下最流行的社会文化和经济趋势？竞争对手们都在做什么，计划做什么？结合供应商、经销商及学术机构分析，整个产业链的发展有什么趋势？可以运用 DEPEST 等分析清单来做一个全面的分析。

运用形态分析之前，要准确定义产品的主要功能，并对将要设计的产品进行一次功能分析。

（3）列出企业的优势和劣势清单，并对照竞争对手逐条评估。将精力主要集中在企业自身的竞争优势及核心竞争力上，不要过于关注自身劣势。因为要寻找的是市场机会而不是市场阻力。当设计目标确定后，也许会发现企业的劣势可能会形成制约该项目的瓶颈，此时则需要投入大量精力来解决这方面的问题。

（4）将 SWOT 分析所得结果条理清晰地总结在 SWOT 表格中，并与团队成员及其他利益相关者交流分析成果。

## 6.2 设计表现技能

如图 6.2-1 所示为 5 种设计表现技能。

形态分析
设计手绘
技术文档
样板模型
视觉影像

◎ 图 6.2-1　5 种设计表现技能

### 6.2.1 形态分析

形态分析旨在运用系统的分析方法激发设计师创作出原理性解决方案（见图 6.2-2）。运用该方法的前提条件是将一个产品的整体功能解构成多个不同的子功能。

◎ 图 6.2-2　形态分析

#### 1. 何时使用

设计师在概念设计阶段绘制草图

的过程中，可以考虑使用形态分析。在使用该方法之前，需要对所需设计的产品进行一次功能分析，将整体功能拆解成为多个不同的子功能。许多子功能的解决方案是显而易见的，有一些则需要设计师去创造。将产品子功能设为纵坐标，将每个子功能对应的解决方法设为横坐标，绘制成一张矩阵图。这两个坐标轴也可以称为参数和元件。功能往往是抽象的，而解决方法却是具体的（此时无须定义形状和尺寸）。将该矩阵中的每个子功能对应的不同的解决方案强行组合，可以得出大量可能的原理性解决方案。

### 2. 如何使用

运用形态分析之前，首先要准确定义产品的主要功能，并对将要设计的产品进行一次功能分析，然后用功能和子功能的方式描述该产品。所谓的子功能，即能够实现产品整体功能的各种产品特征。例如，一个茶壶包含以下几个不同的子功能：盛茶（容器）、装水（顶部有开口）、倒茶（鼻口）、操作茶壶（把手）。功能的表述通常包含一个动词和一个名词。在形态分析表格中，功能与子功能都是相对独立的，且都不考虑材料特征。分别从每个子功能的不同解决方案中选出一个进行组合，得到一个“原理性解决方案”。将不同子功能的解决方案进行组合的过程就是创造解决方案的过程。

### 3. 使用流程（见图 6.2-3）

在流程的第 4 个步骤中，这些方案可以通过分析类似的现有产品或者创造新的实现原理得出。例如，踏板卡丁车停车可以通过以下多种方式实现：盘式制动、悬臂式制动、轮胎制动、脚踩轮胎、脚踩地、棍子插入地面、降落伞式或更多其他方式，并运用评估策略筛选出有限数量的原理性解决方案。

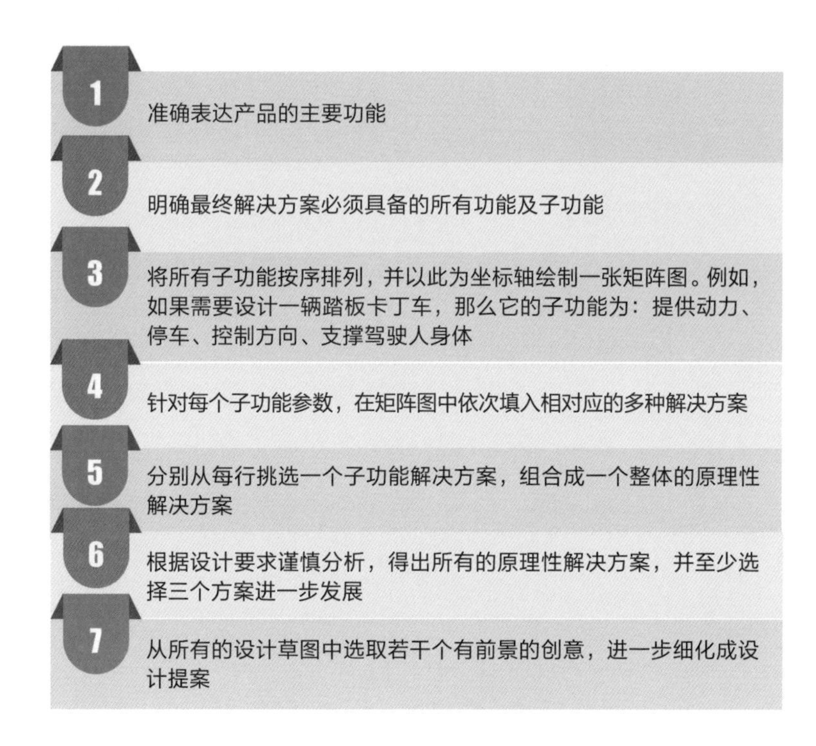


◎ 图 6.2-3　形态分析的使用流程

方法的局限性：形态分析并不适用于所有的设计问题，与工程设计相关的设计问题最适宜运用此法。当然设计师也可以发挥更多的想象力，将此方法应用于探索产品的外观形态。

## 6.2.2　设计手绘

设计手绘是一种非常实用并有说服力的设计工具，对产品设计的探索和交流都很有帮助（见图 6.2-4）。

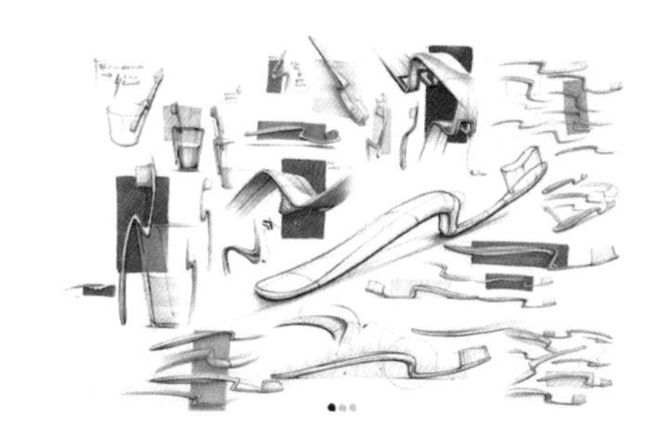

◎ 图 6.2-4　设计手绘

在设计的初始阶段一般使用简单的手绘表现基本造型、结构、阴影及投射阴影等。

## 1. 何时使用

在设计的初始阶段一般使用简单的手绘表现基本造型、结构、阴影及投射阴影等。这种手绘需要设计师掌握基本绘图技巧、透视法则、3D 建模、阴影及投射阴影的原理等。由于上述技巧基本可以满足设计手绘的表现力，因此不需要为所有手绘进行上色。

当设计师需要将不同的创意进行结合形成初步概念时，需要考虑材料的运用、产品的形态、功能及生产方式等。此时，材料的色彩表现（如哑光塑料或高光塑料）变得更为重要，手绘也需要创作得更为精细。

绘制侧视手绘是一种快速简单地探索造型、色彩和具体细节的有效方式。

## 2. 如何使用

设计手绘在设计的不同阶段发挥着不同的作用。

在整个设计阶段，尤其是设计的整合阶段，探索性的产品手绘图能帮助设计师更直观地分析并评估设计概念（见图 6.2-5）。

而使用此方法要注意以下问题：

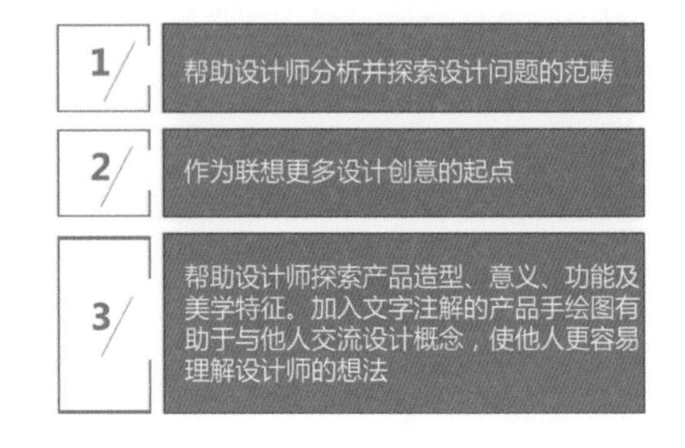


◎ 图 6.2-5　产品手绘图的作用

（1）一定要在开始绘图前确定手绘的目的，并在此基础上依据你的目的、时间、能力与工具等因素选择绘图的技法。

（2）产品手绘图只有在正确的情境中使用才有意义。只有有效地表现出设计师的想法，才算达到预期的目标。因此，设计的不同阶段可能需要不同的手绘方式来表达。由于时间在设计项目中十分宝贵，快速完成的产品手绘图往往比 3D 渲染图在创意过程中效率更高。

（3）对于创意的产生与评估而言，产品手绘图比 CAD 渲染图及实物模型更灵活易用。因为渲染图看起来往往过于成熟、完整，不易更改。举个例子，在你跟客户讨论设计方向或者可能性时，产品手绘图就更适用了。

（4）有一张纸或数位板，再加几个绘图软件（如 Photoshop、Corel Painter），便可以对头脑风暴中产生的创意做进一步完善的表达。

（5）手绘练习有助于提高设计师的图像理解力、想象力及整体造型的表达能力。

但是此方法也存在着以下一些局限：

（1）手绘技能需要持续不断地练习以积累经验，否则无法将设计概念完整地表现出来。

（2）有时候实物模型比手绘图更能直观、有效地表现设计想法，且易对产品进行说明。

### 6.2.3 技术文档

技术文档是一种使用标准 3D 数字模型和工程图（见图 6.2-6）对设计方案进行精准记录的方法。3D 数字模型数据还可以用于模拟

技术文档：一种使用标准 3D 数字模型和工程图对设计方案进行精准记录的方法。3D 数字模型数据还可以用于模拟并控制产品生产及零部件组装的过程。在此基础上，还能运用渲染技术或动画的手法展示设计概念。

并控制产品生产及零部件组装的过程。在此基础上，还能运用渲染技术或动画的手法展示设计概念。

◎ 图 6.2-6　工程图

### 1. 何时使用

技术文档一般用于概念产生后选择材料并研究生产方式的阶段，即设计方案具体化阶段。除此之外，技术文档也为设计的初始阶段提供支持，帮助生成设计概念，并探索设计方案的生产过程、技术手段等因素的可能性。有些项目需要从基础零部件开始建立技术文档，如电池、内部骨架等（自下而上的设计）。这些模型的工程图打印文稿可以作为探索设计形态、明确设计的几何形态与空间限制等的基础，通过快速加工技术可以创造出有形的模型，如壳型模型或产品外壳等。另外，技术文档还可用于制作产品外部构造（自上而下的设计）。

### 2. 如何使用

SolidWorks 这类的设计软件可用于构建参数化的 3D 数字模型。这类模型建立在特征建模概念的基础上，即不同的部件是由不同的几何形态（如圆柱体、球体或其他有机形态等）结合或削减得出的。3D 模型还可以是曲面（即运用零厚度曲面）建模成形的，在有机形态中的使用尤为广泛。一个产品（或组装部件）的 3D 数字模型可以由不同的零部件组合而成，不同的零部件之间的组合特征相互关联。如果有不错的空间想象能力，那么经过 60~80 小时的训练便可以掌握基本建模技巧。标准的工程图在设计中的主要作用在于保证和规范生产质量并控制误差。因此，设计师应该对“制造语言”具备良好的读、写、说的能力。

### 3. 使用流程

（1）在概念设计阶段创建一个初步的 3D 数字模型。在设计早期，可以运用动画的形式探索该 3D 数字模型的机械结构的行为特征。

（2）在设计方案具体化的过程中，在建模软件中赋予 3D 数字模型可持续的材料，并通过虚拟现实的方式观察、预测该部件在生产流程中的行为表现，如在注模和冷却过程中会出现怎样的情况。同时，可以进行一些故障分析，如强度分析等。当然，还可以对产品的形态、色彩和肌理进行探索。

（3）在设计末期，重新建立一个具体详细的 3D 数字模型，并导出所需的工程图，以确保设计方案在加工制造过程中能最大限度地达到其属性与功能要求。

（4）在设计结束后，此 3D 数字模型可用于制造相关生产工具。最后，还可以利用该模型的渲染效果图（见图 6.2-7），如产品爆炸图、装配图或动画等，辅助展示产品设计的材料（如设计报告、产品手册、产品包装等）。

◎ 图 6.2-7　3D 数字模型效果图

在设计实践过程中经常用到设计模型，它在产品研发过程中有着举足轻重的作用：

1. 设计的整个过程不光在设计师的脑海中进行，还应该在设计师的手中进行；
2. 在工业环境中，样板模型常用于测试产品各方面的特征、改变产品结构和细节；
3. 有时用来帮助企业就某款产品的形态最终达成一致意见；
4. 在量产产品中，功能原型通常用于测试产品的功能和人机特征。

### 6.2.4 样板模型

样板模型是一个表现产品创意的实体，它运用手工打造的模型展示产品方案（见图 6.2-8）。在设计流程中，样板模型通常用于从视觉和材料上共同表达产品创意和设计概念。

◎ 图 6.2-8 样板模型

1. 何时使用

在设计实践过程中经常用到设计模型，它在产品研发过程中有着举足轻重的作用：设计的整个过程不光在设计师的脑海中进行，还应该在设计师的手中进行；在工业环境中，样板模型常用于测试产品各方面的特征、改变产品结构和细节；有时用来帮助企业就某款产品的形态最终达成一致意见；在量产产品中，功能原型通常用于测试产品的功能和人机特征。如果在设定好生产线之后再进行改动，所需要的成本和耗费的时间会非常多。最终的设计原型可以辅助准备生产流程和制订生产计划。生产流程中的第一个阶段称为“空系列”：这些产品在一定程度上仍是用于测试生产流程的产品原型。

2. 如何使用

样板模型在设计中的作用主要体现在如图 6.2-9 所示的 3 个方面。

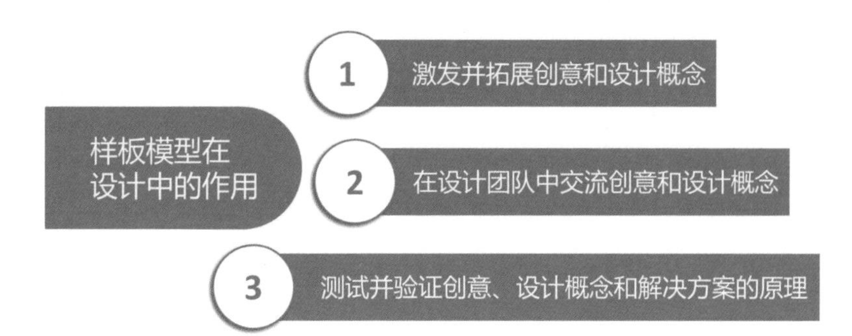


◎ 图 6.2-9　样板模型在设计中的 3 个作用

（1）激发并拓展创意和设计概念。在创意和概念的产生阶段经常会用到设计草模。这些草模可以用简单的材料制作，如白纸、硬纸板、泡沫、木头、胶带、胶水、铁丝和焊锡等。通过搭建草模，设计师可以快速看到早期的创意，并将其改进为更好的创意或更详细的设计概念。这中间通常有一个迭代的过程，即画草图、制作草模、草图改进、制作第二个版本的草模……

（2）在设计团队中交流创意和设计概念。在设计过程中会制作一个 1∶1 的创意虚拟样板模型（Dummy Mock-up）。该模型仅具备创意概念中产品的外在特征，而不具备具体的技术工作原理。通常情况下，在创意概念产生的末期，设计师会制作虚拟样板模型以便呈现和展示最终的设计概念。该模型通常也被称为 VISO，即视觉模型。在之后的概念发展阶段，需要用到一个更精细的模型，用于展示概念的细节。该细节模型与视觉模型十分相似，都是 1∶1 大小的模型，且主要展示设计产品的外在特征。当然，此细节模型可以包含一些简单的产品功能。在设计流程中最终得出的三维模型是一个具备高质量视觉效果的外观模型，它通常由木头、金属或塑料加工而成，其表面分布了产品设计中的实际按钮等细节，甚至经过高质量的喷漆或特殊的工艺处理。这个最终模型最好也能具备主要的工作技术原理。

（3）测试并验证创意、设计概念和解决方案的原理。概念测试原型的主要用途在于测试产品的特定技术原理在实际中是否依然可行。这类模型在通常情况下是简化过的模型，仅具备主要的工作原理和基本外形，省去了大量的外观细节。这类模型通常也被称为FUMO，即功能模型。产品的细节及材料通常在早期的创意产生阶段已经决定。

3. 使用流程（见图 6.2-10）

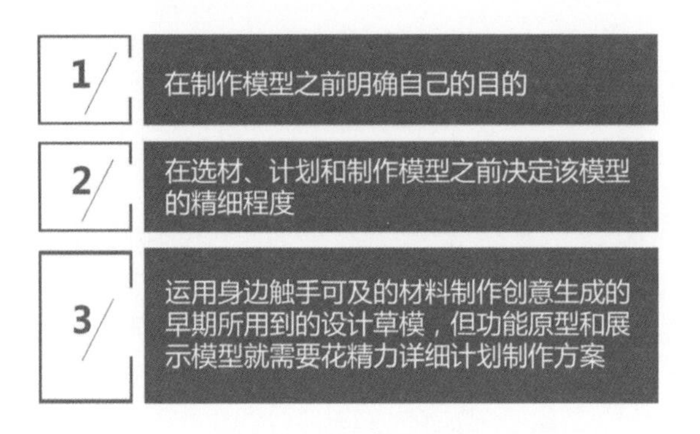


◎ 图 6.2-10　样板模型的使用流程

需注意，制作样板模型往往需要耗费大量的时间和成本。当然，在设计概念研发的过程中所花费的这些资源，将在很大程度上为之后的生产阶段降低错误发生的概率。若在生产中出现错误，所耗费的时间和成本则远不止于此。

## 6.2.5　视觉影像

视觉影像能帮助设计师将未来的产品体验与情境视觉化，展示设计概念的潜在用途及其为人类未来生活带来的影响。如图 6.2-11 所示为手机界面使用效果动画演示。

视觉影像通过将图片景象、人物及感官体验等抽象元素混合制作成影片，充分展示产品在未来场景中的使用细节。将产品在特定场景中的使用情况进行展示，不仅强调了产品设计的功能，同时体现了产品在特定环境中所产生的价值。影像不仅能描述产品设计的形态特点，还能展示产品引发的无形的影响。

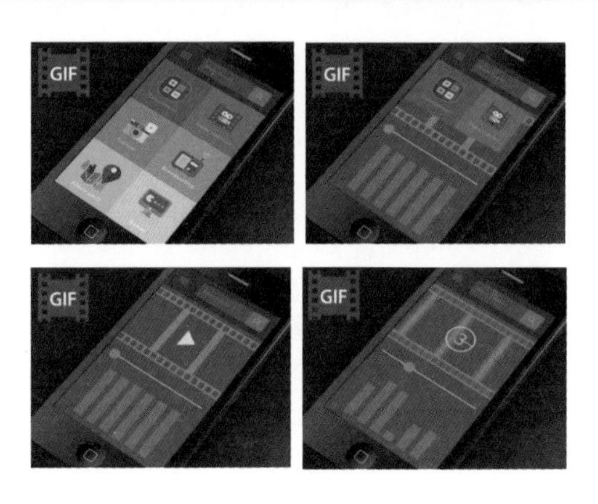


◎ 图 6.2-11　手机界面使用效果动画演示

## 1. 何时使用

视觉影像通过将图片景象、人物及感官体验等抽象元素混合制作成影片，充分展示产品在未来场景中的使用细节。将产品在特定场景中的使用情况进行展示，不仅强调了产品设计的功能，同时体现了产品在特定环境中所产生的价值。影像不仅能描述产品设计的形态特点（如一件真实的产品），还能展示产品引发的无形的影响（如使用者的反应及情绪）。影像视觉为概念产品的设计、造型及视觉展示方案提供了巨大的可能，尤其是在蒸蒸日上的服务设计（即处理人、产品和活动之间的交互关系的设计）领域中更是应用广泛。

## 2. 如何使用

在需要将未来产品设计与服务的完整体验进行展示的设计项目中，视觉影像这一方法最适用。然而，制作一段令人信服的短片需要设计师不断地练习，因为这不仅需要特殊的能力与技术，还需要运用各种媒体与设备。影片制作是一个重复迭代的过程，需要先创建场景描述与故事板，然后进行电影脚本的拍摄，最后对影片进行剪辑与制作。这些制作程序将不断挑战设计师在未来使用情境内构架故事并展示产品概念的能力，该方法的设计价值也因此得以彰显。

### 3. 使用流程

制作视觉影像包含如图 6.2–12 所示的 3 个连续的流程。

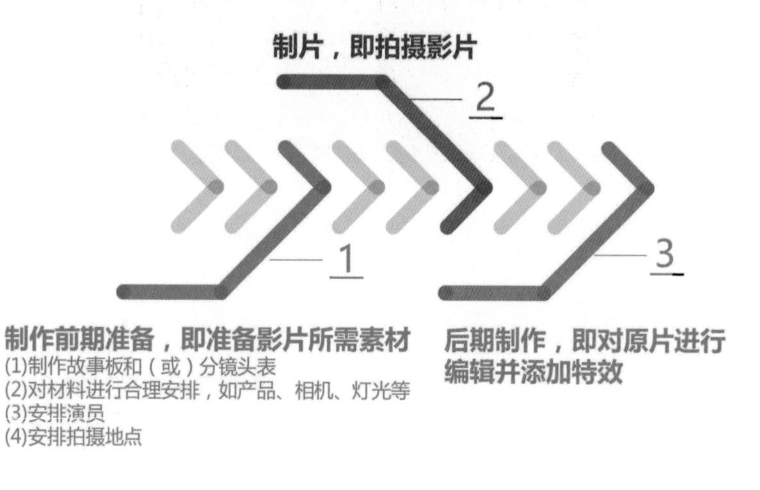


◎ 图 6.2–12　制作视觉影像的流程

在视觉影像制作过程中需要注意的两点如图 6.2–13 所示。

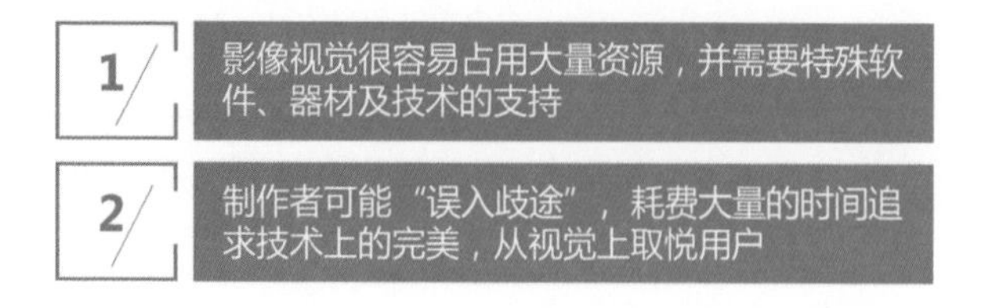


◎ 图 6.2–13　视觉影像制作过程中的注意事项

视觉影像最主要的价值应该是向用户传达与该设计有关的用户体验。

# 第7章

# 设计组织与设计管理

## 7.1　设计团队

### 7.1.1　设计团队的组建

项目的书面文件、预算、时间表和创意纲要都已就绪，接下来就要开始进行设计了。但问题是，如果在计划阶段没有组建好团队，那到底应该有哪些人参与这个项目？对于独立的设计师和小型设计公司来说，有时候这个问题是没有意义的，因为他们的选择非常有限。但是大的设计公司拥有多个团队，这些团队人员拥有不同的专长，如专业的写作人员、网络编程员和摄影师，他们可以相互协作来实现项目的目标。这虽然有利于团队更好地发挥各自的专长，但同时会带来经济和沟通方面的麻烦。这些问题都需要在项目过程中妥善解决。但是，这些问题并不是不可逾越的，只是它们的细节需要妥善处理。

所有的设计团队，无论大小，为了实现最佳表现，都应该具备如图 7.1–1 所示的条件。

一般来说，每个项目都有一个核心的设计团队，它由具有创意方面专长和客户方面专长的人员所组成。在很多情况下，大量的设计师

在最好的情况下，一家设计公司应该拥有 3 个领域的人才：创意、客户服务和运营。

会参与进来，有些发挥创意的作用，另外一些则负责完成作品。另外，具有特殊技术的人员也可能加入团队，如插图画家或印务公司经理。当一家设计公司的规模逐步变大时，不仅它的设计团队会扩张，还需要增加行政人员来帮助运营整间公司。行政人员为公司提供财务和行政方面的服务，支持创意和客户服务部门的工作，帮助项目以及整个公司运行得更为顺利和通畅。

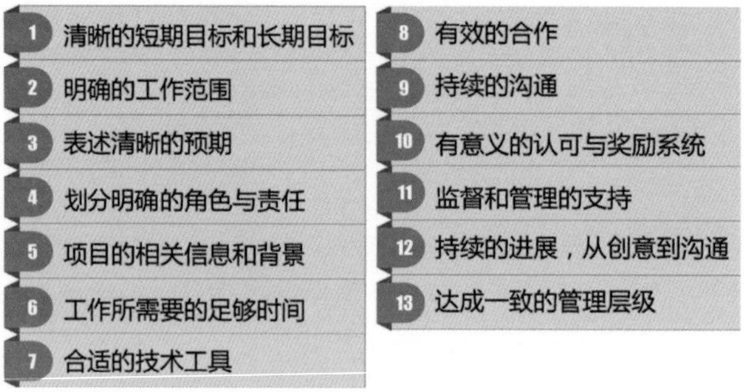

1. 清晰的短期目标和长期目标
2. 明确的工作范围
3. 表述清晰的预期
4. 划分明确的角色与责任
5. 项目的相关信息和背景
6. 工作所需要的足够时间
7. 合适的技术工具
8. 有效的合作
9. 持续的沟通
10. 有意义的认可与奖励系统
11. 监督和管理的支持
12. 持续的进展，从创意到沟通
13. 达成一致的管理层级

◎ 图 7.1-1　所有的设计团队都应该具备的条件

对任何设计团队来说，为了运行良好，每个成员都要认识到自己的表现会影响整个团队解决问题、开发创意及满足客户需求的能力。如果他们可以充分理解自己应该为项目做出哪些贡献，项目就能获得良好的结果。如果对任务的规定模糊不清，到了执行某一个任务时，团队成员可能会觉得那是他人的事。糟糕的团队通常是由于沟通不善、合作环境不畅通而形成的。

在最好的情况下，一家设计公司应该拥有 3 个领域的人才：创意、客户服务和运营。项目经理一般要处理这 3 个领域交叉的任务，其角色可以用图 7.1-2 中 3 个领域重合部分的图形来表示。

## 7.1.2 设计团队的管理

管理人才是一门艺术，而项目经理则需要掌握这门艺术。他们要能够制订和实施预算计划和时间表，同时能对团队人员进行管理。项目经理的工作伙伴是创意总监和设计公司的管理者。因此，前者需要运作设计团队，创造出最好的创意和最高的生产率。但对于有些项目来说，这两个方面似乎是相互冲突的。笼统地说，生产率就是劳动人员每小时的工作产出。对设计项目或设计公司来说，成本中占据最大比例的就是设计团队的报酬。所以，在设计行业，最重要的就是妥善地发掘并利用设计团队的能力，使他们持续地提供最好、最有用及最具创意的成果。

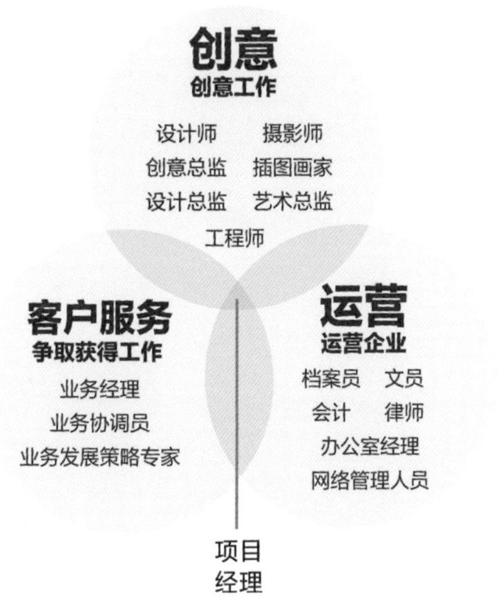

◎ 图 7.1-2　项目经理的角色

### 1. 评估员工

影响设计团队生产率的因素有很多，包括项目工作条件（工作类型和复杂性）、障碍性活动（沟通不善、客户不够配合、计算机出现问题、人员健康问题带来的障碍），以及团队人员的特点（人员的品质和贡献）等。《PMBOK 指南》一书建议，评估员工及其工作表现可以考虑如图 7.1-3 所示的评估点。

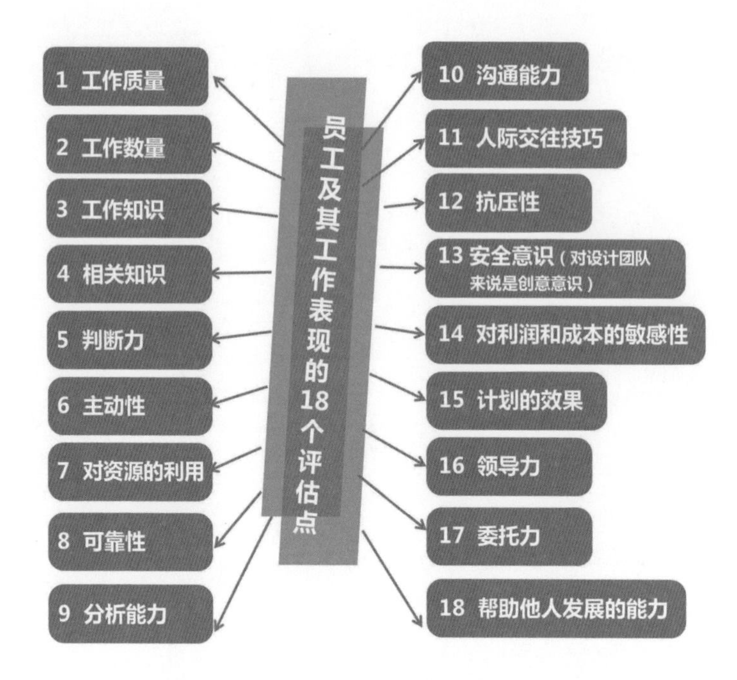


◎ 图 7.1-3　员工及其工作表现的 18 个评估点

《PMBOK 指南》以 3 分为满分对每个项目进行评估，员工的得分越低说明他（她）的表现越好。

3= 需要提高；

2= 达到要求；

1= 很有优势。

我们知道，绝佳的创意不一定总是能够按照要求被创造出来。有时候，我们需要更长的时间才能把工作做得更好。但是，专业的设计师总是会努力地缩小与这个目标的差距，尽力持续高效地完成设计工作。要做到这一点，在很大程度上依赖于项目经理是否做到了知人善任。项目经理需要明晰如图 7.1-4 所示的 5 个问题。

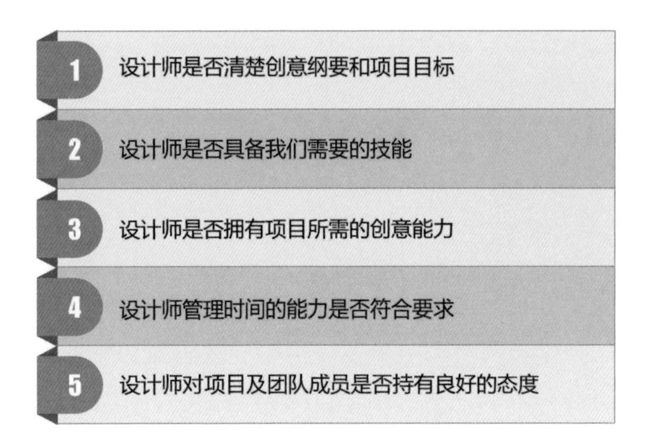


◎ 图 7.1-4　项目经理需要明晰的 5 个问题

## 2. 激发潜能

一个头脑清晰的领导者会制定清楚明确的愿景，并以此为基础指导团队工作。这种领导者能够激发出设计团队的最大潜能。他会激励团队成员更富于创造性，敢于冒险，勇于挑战自己的极限。可以激发创意人员潜能的方法如图 7.1-5 所示。

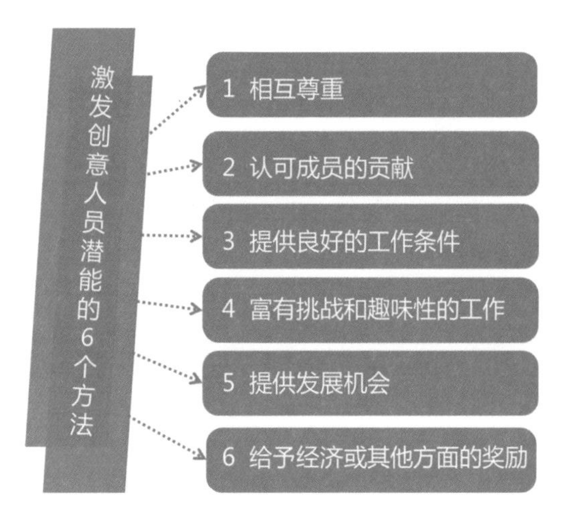


◎ 图 7.1-5　激发创意人员潜能的 6 个方法

设计公司有时候也不想让自己的员工过于富有创造性，只是希望员工的创造力保持在客户预期的范围内。这一点需要对员工进行额外强调。将创造力限制在达成一致的项目参数（创意纲要中所罗列的）以及不可避免的项目限制因素范围内，这一点十分重要。这也是区分为了设计而设计和为了艺术而设计的两类设计师的重要标准。但在制作设计公司的宣传材料时，设计师可以尽情地发挥其创造性。

### 3. 规范雇用

为了确保员工的表现符合公司的期望，设计公司可以采取的一个好办法就是与员工签订雇用合同或协议，其中清楚写明对劳动关系的期望、员工的任务描述以及他们将获得的相应报酬。雇用合同中应该包含如图 7.1-6 所示的 9 个方面的内容。

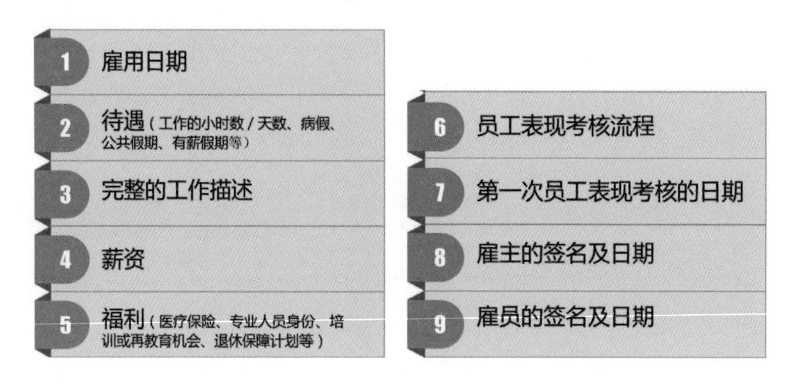


◎ 图 7.1-6　雇用合同的 9 个方面的内容

设计公司的老板可能会认为他的员工不能胜任工作，或者总觉得员工的工作重点与要求有差别。这通常是由于沟通不善造成的。每个员工的雇用合同中都应该清晰地按照重要性的顺序标示出他们的职责，然后由项目经理对员工的工作进行监督，确保他们在项目中尽到了职责。

## 7.1.3　明确团队成员的职责

很多设计团队成员并不清楚相互之间的角色和责任，有些是因为

要创作出伟大的设计，就要增强团队的凝聚力。在设计团队中，人员相互之间都负有责任，只有这样才能实现最佳效果。

缺乏良好的领导和管理能力。但要创作出伟大的设计，就要增强团队的凝聚力。在设计团队中，人员之间都负有责任，只有这样才能实现最佳效果。

对于设计工作来说，一个现实问题就是随着项目从概念产生到最后完成，实际上要经过很多专家的处理，如果是某个自由职业者单人负责一个项目，他（她）就必须在其间完成一系列的工作。一般来说，设计工作流程从创意专家手中开始，在技术专家手中结束。这个过程对不同人员的经验和技能要求也因角色而不同。那些提出优秀创意的人并不一定能够实现创意。从大致概念的产生到设计成品的完成，这个过程需要不同的技能。设计师需要向他的客户解释这一点，同时要向设计团队明确这一点。所以如果项目管理者让团队成员按照自己的特长来承担项目中不同的任务，项目的进展就会非常顺利。设计项目中这种任务分解的做法可以让最合适的人选将其专长聚焦在特定的方面。

如表 7.1-1 所示，展示了多数设计团队中的主要角色及其职责。当然，规模更大的项目需要更多的人员（除了承担以上的角色，还要有插画家、摄影师、动画师及程序员）。设计团队必须清楚，他们要与很多不同的人合作，其中一些人通常会持有不同的观点。

表 7.1-1　设计团队中的主要角色及其职责

| 角色 | 职责 |
| --- | --- |
| 客户 | 发起项目，制定项目要求并且提供相关背景信息，制定创意纲要的框架，审批项目交付的文件，并对它们的质量进行评估 |
| 客户联络人（业务经理） | 负责争取项目和推销本公司的服务。为客户提供服务，包括每天与客户进行电话沟通，向项目经理提供建议 |

（续表）

| 角色 | 职责 |
| --- | --- |
| 估算人（方案草拟者） | 可能由客户联络人或项目经理充当，处理所有与经济有关的问题谈判，准备项目所需文件 |
| 创意总监 | 提供整体愿景。一般来说，负责起草创意纲要，制定战略；负责创意呈现；任命设计团队成员 |
| 项目经理 | 管理项目。制订与项目相关的计划；评估项目表现，采取修正措施，控制项目成果，管理项目团队，汇报项目状态 |
| 设计师 | 根据创意纲要设计作品，负责完成项目活动以及制作需要交付的事项 |
| 文案 | 根据创意纲要完成文字工作 |
| 产品设计师 | 根据客户批准的设计方案制作成品 |
| 产品主管 | 负责设计产品的生产业务的投标并予以管理 |
| 出纳 | 提供所有项目相关的发票，管理现金流，负责公司与钱相关的事宜 |
| 供应商 | 为项目团队提供产品或服务 |

### 7.1.4 打造成功的设计团队

成功的设计团队要具备如图 7.1-7 所示的 6 个特征。

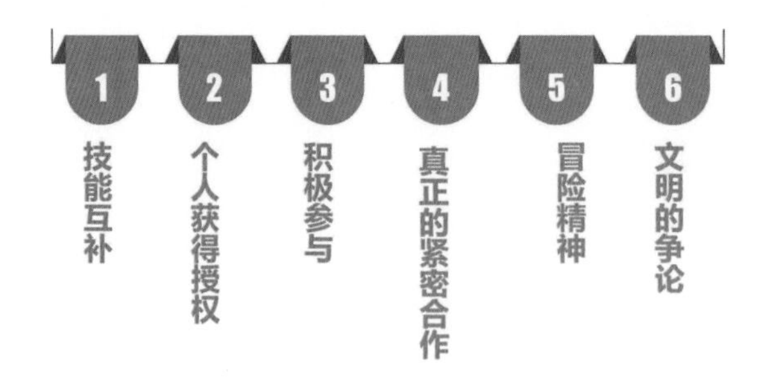


图 7.1-7　成功的设计团队要具备的 6 个特征

（1）技能互补。团队人员的技术相当，但并不重叠。他们在工作风格、技能、经验和创意方面呈现多样性。这一类的设计团队充满活力，能够创作出令人意想不到的作品。一个项目如果能够配备具有

设计组织是管理者为达到既定设计目标而对各部门间的工作进行的沟通和协调，贯穿于设计任务的全过程。

不同设计理念的设计师，并将他们组成团队，那么这个项目就会得到提升。

（2）个人获得授权。团队中的每个人员，不管资历深浅，都在鼓励下积极贡献自己的想法和建议。他们也得到信任，被委托以自己最大的能力完成各自的任务。设计师得到客户的授权，以及相互授予权力，就能最大化地发挥其创造力。

（3）积极参与。所有的团队人员都在项目过程中积极参与，视自己为项目的主人。所有人员都感觉他们为项目做出了真正的贡献，并热切地期待项目的结果。

（4）真正的紧密合作。团队人员相互尊重并且彼此信任。这得益于持续的沟通和不断地聆听，团队形成了开放的氛围，致力于团队的工作。这根植于团队的长期协作，会给项目带来卓越的成果。

（5）冒险精神。所有人，包括个人和团队，都愿意抓住机会，勇于在设计工作中挑战极限。尝试新的选择是创造力的源泉。

（6）文明的争论。不同的想法可以激发新的点子，为团队增加新的灵感。挑战现状和彼此的信念可以使项目过程更为丰富，结果更为良好。有效的团队清楚如何解决不同的意见，允许不同意见的存在，抑制毫无意义的冲突，然后继续前进。

## 7.2 设计组织

设计组织是管理者为达到既定设计目标而对各部门间的工作进行

的沟通和协调，贯穿于设计任务的全过程。对于项目管理者而言，设计过程其实就是组织过程。项目前期设计计划的制订需要决策者挑选合适的人员组成计划制订小组，在制订计划的过程中，明确设计部门同其他部门的相互关系，并恰当地分配给各部门任务。设计组织过程要考虑设计计划的最终目标和设计进行过程中的诸多细节，以便对整个设计过程做出全局性把握。设计组织为设计任务的开展和过程搭建了框架，使各个部门（工业设计部、工程设计部、生产部、市场策划部等）在各自工作的进程中能够得到较好的沟通。这样不但能使各部门的功用得到优化，而且提高了工作效率，避免了因某一部门工作方向的偏差导致的严重后果。

随着市场的发展，设计组织的形式也呈现出多样化的特点。许多企业拥有自己的设计部门，保证了品牌形象的一致性和产品的继承性；许多设计师也纷纷单独成立或合伙自建工作室，承接诸多品牌和产品的设计项目，极具创意和个性。

### 7.2.1 企业设计中心

20 世纪 80 年代以来，以新材料、信息、微电子、系统科学等为代表的新一代科学技术的发展，极大地拓展了设计学学科的深度和广度。技术的进步、设计工具的更新、新材料的研制及设计思维的完善，使设计学学科已趋向复杂化、多元化。传统的以造型和功能形式存在的物质产品的设计理念，开始向以信息互动和情感交流、以服务和体验为特征的当代非物质文化设计转化；设计从满足生理的愉悦上升到服务系统的社会大视野中。

特别是进入 21 世纪，设计已成为衡量一个城市、一个地区、一个国家的综合实力强弱的重要标志之一，设计作为经济的载体，已为许多国家政府所关注。全球化的市场竞争越演越烈，许多国家纷纷加

设计在企业制造产品的过程中是不可或缺的主角。设计不但可以做出与其他企业的商品相区别，也是展现企业形象的工具。

大对设计的投入，将设计放在国民经济战略的重要位置。

目前，设计在企业制造产品的过程中也是不可或缺的主角。设计不但可以做出与其他企业的商品相区别，也是展现企业形象的工具。设计组织的作用已经得到了越来越多企业的重视。

下面以三星设计为例，介绍企业设计中心在企业发展过程中的起到所巨大作用。

自 1969 年在韩国水原成立以来，三星已成长为一个全球性的信息技术领导者，在世界各地拥有 200 多家子公司。三星的产品包括家用电器（如电视机、显示器、打印机、电冰箱和洗衣机）和主要的移动通信产品（如智能手机和平板电脑）。此外，三星还是重要电子部件（如 DRA 和非存储半导体）领域值得信赖的供应商。

三星承诺创造并提供优质的产品和服务，以此提高全球客户的生活便利性并践行更加智能的生活方式。三星致力于通过不断创新来改善全人类的生活。

### 1. 结缘奥运：“病猫”变“猛虎”

1938 年 3 月 1 日，三星时任会长李秉喆以 3 万韩元资金在大邱市成立了“三星商会”。这个商会早期的主要业务是将韩国的鱼干、蔬菜、水果等出口到中国北京及满洲里。不久后，三星又有了面粉厂和制糖厂，他们自产自销，为这个世界级现代企业集团奠定了基础。1969 年 12 月，三星——三洋电机成立，后于 1977 年 3 月被三星电子兼并。至此，三星集团最赚钱的电子消费品业务已初具规模。

从 1970 年贴三洋标的 OEM（主机厂）到 20 世纪 80 年代推出

自有品牌产品并远销美国，三星从廉价代工者一跃成为世界顶级品牌，并连续多年被评为全球品牌价值上升最快的企业。当人们探求其成功的奥秘时，却发现奥运营销正是助其攀上天梯的翅膀，让当年负债累累的三星奇迹般地走出了困境，迅速登上了国际舞台。

三星官方显然也对此津津乐道，“三星与体育的关系”几乎成了媒体见面会上必谈的话题。三星与奥运的渊源可以追溯到 1988 年，当时三星以全国赞助商的身份出现在汉城奥运会上。1997 年，身处亚洲金融危机重灾区的三星负债比率暴增至 296％，而会长李健熙却力排众议，坚持赞助奥运。他认为，要让三星品牌尽快变得家喻户晓并跻身世界顶级品牌，成为奥运 TOP 赞助商则是重要步骤。

1998 年，三星顶着巨大的阻力进入了奥运 TOP 赞助商计划，制定了“与顶尖企业在一起”的奥运营销主题并贯穿此后的多届奥运会。虽然奥运营销费用水涨船高，但三星的品牌价值也不断攀升，最终一举超过索尼，成为全球最有价值的消费电子品牌。

除了支持奥运会和亚运会之外，三星赞助的体育赛事遍及欧、美、亚三大洲。三星还赞助了三星超级联盟马术比赛，这是世界上历史最悠久、最具声望的马术比赛。在韩国，三星组建了 17 支运动队，涵盖了乒乓球、排球、篮球等项目。以奥运会为主的全球性赛事成了三星品牌战略的最佳载体，三星也利用体育营销为其品牌披上了“另类”的外衣。

### 2. 设计立企：从“地摊”到“殿堂”

在 1997 年的亚洲金融危机中，韩国三大“财阀”中的大宇轰然崩塌，现代受到重创，而三星却涅槃重生。到了危机逐渐消退的 2000 年，三星在《财富》500 强的排名已经蹿升至第 131 位，2005 年更达到了第 39 位。2008 年 9 月 22 日，韩国证交所宣布三星当日市值突破了 1102 亿美元，首次超过英特尔，成为全球市值最大的芯片制造商。创新设计是业界在谈及三星的成功经验时，除了奥运营销之外最为热衷的话题。

1993 年，时任三星集团会长的李健熙访问洛杉矶时发现三星产品在众多竞品中毫不起眼，他认为公司不能因过分重视节约成本而制造廉价产品，应将重点放在如何制造出独一无二的产品上。1994 年年底，十几位三星核心人员走进了美国加州艺术中心设计学院，谒见高登·布鲁斯和詹姆士·美和这两位国际顶尖设计师，这一天也标志着三星凭借原创设计走向超一流世界品牌的开始。

历经“十年寒窗”之后的 2004 年，三星成就了“创新之王”的神话: 这期间共获得 18 个 IDEA 奖项(由美国工业设计协会和美国《商业周刊》颁发的工业设计界的“奥斯卡”奖）、26 个 iF 奖（由德国汉诺威工业设计论坛颁发）和 27 个 G-Mark 奖（由日本工业设计促进组织颁发的优秀设计奖）。

三星创新设计实验室（IDS）是一所内部学校，管理层将有培养潜力的设计人员送到这里，师从顶级设计专家开展在职研修。在主导设计风格的三星电子设计中心，共有 200 余位设计工程师，平均年龄为 30 岁出头。自 2000 年以来，公司的设计预算以每年 20%~30% 的速度增长。为了密切跟踪最重要的几个市场的走势，三星在伦敦、洛杉矶、旧金山和东京设立了设计中心。

更重要的是，三星改变了设计部门的运作常规，赋予设计人员更大的权力。设计中心没有着装规定，年轻设计人员可以将头发染成五颜六色的。中心鼓励每个人畅所欲言，甚至可以对上级提出质疑。设计小组成员来自不同的专业领域，虽然资历迥异，但在工作上人人平等。值得一提的是，目前三星的部门主管均出自 IDS，这些人的升迁也将创新设计理念带到了各个部门，造就了整个集团的创新氛围。

### 3. 2020 年：激励世界，创造未来

2013 年《财富》世界 500 强发布，三星的收入达到了 1785 亿美元，利润达到了 205 亿美元，由 2012 年的第 20 位上升至 2013 年的第 14 位。

三星于 2020 年制定的发展目标是“激励世界，创造未来”。这个新目标反映了三星的承诺：通过自己的三个主要优势——“新技术”、“创新产品”和“创造性的解决方案”来激励团队，努力创造一个更美好的世界，给用户带来更丰富的体验。当三星认识到自己作为创意领导者在国际社会上所担负的责任时，开始积极投入力量和资源，在践行员工和合作伙伴的共同价值观的同时，力争为行业和用户提供新的价值，希望为所有人创造一个令人振奋和充满希望的未来。

为实现这一目标，三星已经制订出具体的计划（见图 7.2-1），并在管理方面制定了三个战略方针：“创意”、“伙伴关系”和“人才”。

三星的价值创造源于不断持续的创新。三星计划斥资 5 万亿韩元（约合 45 亿美元）在韩国建成“智能设备研发中心”“设计中心”“新材料和零部件中心”“芯片研发中心”“扁平屏幕研发中心”5 个研发中

**任务**

通过新技术、新产品和新设计，丰富人类生活，
激励全世界，履行社会责任，为可持续发展做出贡献

**目标**

**01**
**定量目标**
销售额达4000亿美元，
成为全球IT行业的领头羊，
位居全球前5名

**02**
**定性目标**
成为受人尊敬的创新公司：全球
前十佳工作场所；建设新市场
的创意领导者；吸引世界级人才
的全球性企业

◎ 图 7.2-1　三星于 2020 年制定的发展目标

相较于企业设计中心，设计公司是相对独立和灵活的设计组织机构。对外承接各类企业产品的设计要求，设计领域广泛。设计公司的创意发挥更加自由，是设计界的活泉之源。

心。三星对“设计中心”基地投入10.5亿美元，该基地坐落在首尔南部，2015年6月开始运营，可以容纳1万名三星设计师。

### 7.2.2 设计公司 / 工作室

相较于企业设计中心，设计公司是相对独立和灵活的设计组织机构。对外承接各类企业产品的设计要求，设计领域广泛。设计公司的创意发挥更加自由，是设计界的活泉之源。

以下列举了一些国际知名的设计公司。

#### 1. IDEO设计公司

IDEO设计公司提供战略咨询、人因研究、工业设计、机械和电子工程、互动设计、环境设计等服务（见图7.2-2）。

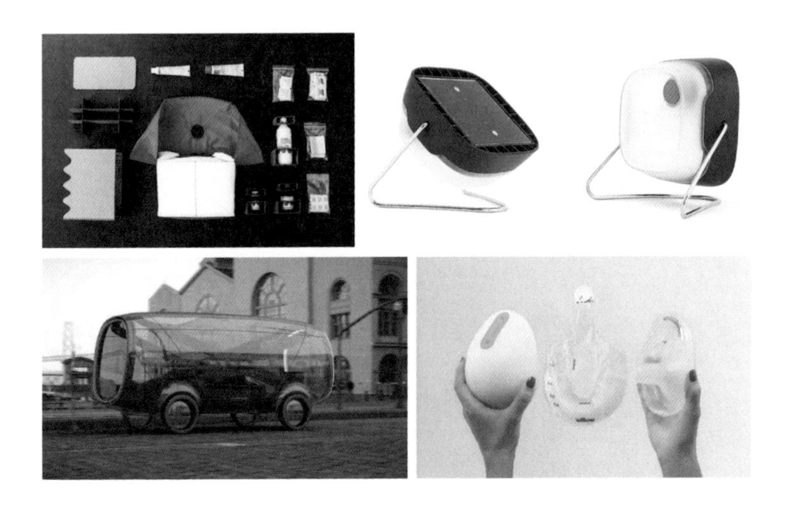

◎ 图7.2-2 IDEO设计公司产品

## 2. 青蛙设计公司

青蛙设计公司提供平面设计、新媒体、工业设计、工程设计和战略咨询服务（见图 7.2-3），其成功的设计有索尼的特丽珑彩电、苹果的麦金塔计算机、罗技的高触觉鼠标、宏碁的渴望家用计算机、Windows XP 品牌……

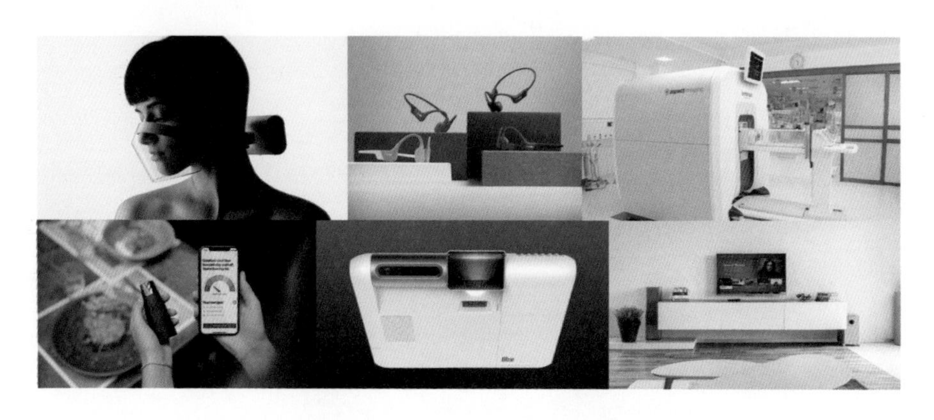

◎ 图 7.2-3　青蛙设计公司产品

## 3. 阿莱西设计公司

阿莱西设计公司是创立于 1921 年的意大利家用品制造商，是 20 世纪后半叶最具影响力的产品设计公司（见图 7.2-4）。其产品包括酒瓶起子、刀具、水壶及茶具等各类家用品，非常人性化，富有人情味、有趣。阿莱西设计公司如今蜚声国际，旗下有一大批设计大师，出品过许多款经典设计。阿莱西设计公司旗下的“设计巨匠”的名单就是一部现代设计的名人录，这份名单包括阿希里·卡斯特里尼、菲利普·斯塔克、理查德·萨伯、米歇尔·格兰乌斯和弗兰克·盖瑞。

## 4. Fritz Hansen 家具制造商

Fritz Hansen 是北欧最大的家具制造商（见图 7.2-5），经历了数十年的变化，仍然是欧洲家具的设计指标。其旗下的产品包括蚂蚁椅、蛋椅、天鹅椅等经典，设计师有 Alfred Homan、Hans J. Wegner、Arne Jacobsen 等。

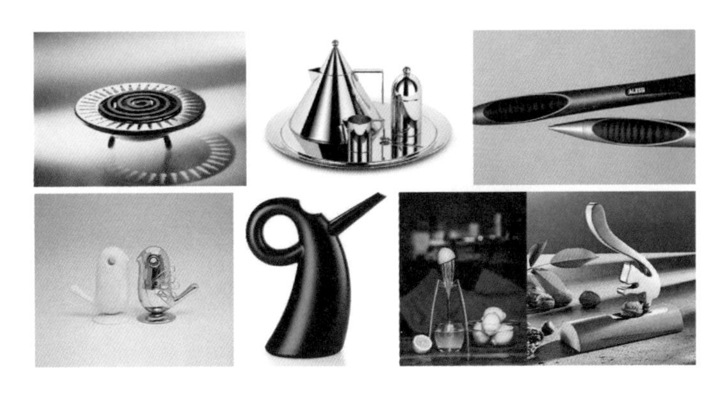


◎ 图 7.2-4　阿莱西设计公司产品

◎ 图 7.2-5　Fritz Hansen 家具制造商产品

## 5. 洛可可（LKK）设计集团

中国的设计公司也非常多，基本集中在北京、深圳及上海，北京的知名设计公司有洛可可（LKK）设计集团（以下简称洛可可）等。

作为中国工业设计第一品牌，洛可可成立于 2004 年，并迅速由一家工业设计公司发展成为一家实力雄厚的国际整合创新设计集团（见图 7.2–6），总部位于北京，已成功布局伦敦、深圳、上海、成都等地。

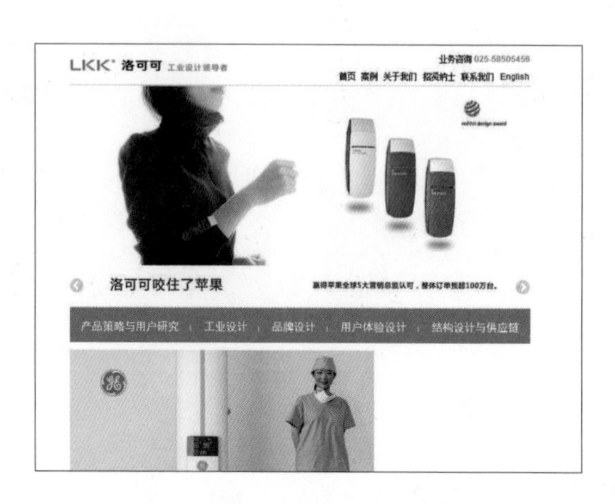


◎ 图 7.2–6 洛可可设计集团官网

凭借独具一格的设计理念及创新实力，短短几年时间，洛可可创造了一项又一项令国内同行羡慕的业绩，开创了中国设计界的传奇。至今，洛可可是国内唯一独揽 4 项国际顶级设计大奖的中国设计企业，同时是获得各类设计奖项最多、服务世界五百强客户最多的中国设计企业。

洛可可提倡以人性的终极关怀为核心设计理念，坚持设计研究先行，凭借超乎要求的设计品质为产品和品牌带来一次次革命性的提升，从而获得更大的市场占有率。

如图 7.2–7 所示为洛可可为 GE 提供的医患体验整体设计解决方案。历时 5 个月，洛可可与客户密切配合，双方共同确立最终的设计方案，并提出了很多有价值的概念和模式。

洛可可通过实地观察访问和客观记录医护人员使用产品的全过程，并通过角色扮演模拟产品使用全过程，进而通过 1 ： 1 等大模型不断模拟针对各个问题的解决方案，又一次次推翻再来，依次帮助团队明确产品的可用性和易用性。

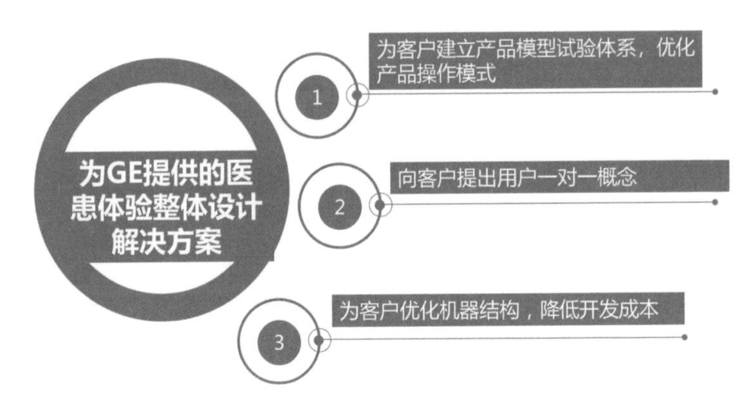


◎ 图 7.2-7　洛可可为 GE 提供的医患体验整体设计解决方案（一）

接下来，团队与客户一同去多家医院对多种类似的医疗产品进行实地访察，亲身体验医患在使用过程中的真实情况，结合 GE 产品进行对比分析，团队发现此过程中的医患分别遇到不同程度的使用问题，但是目前产品未能合理解决，最终确定项目的根本原则为：让医护人员更易操作，让患者使用舒适。所有的分析思路和解决方案都是以此为准则的，不仅考虑了用户的操作层面，更强调对用户的心理关怀（见图 7.2-8）。

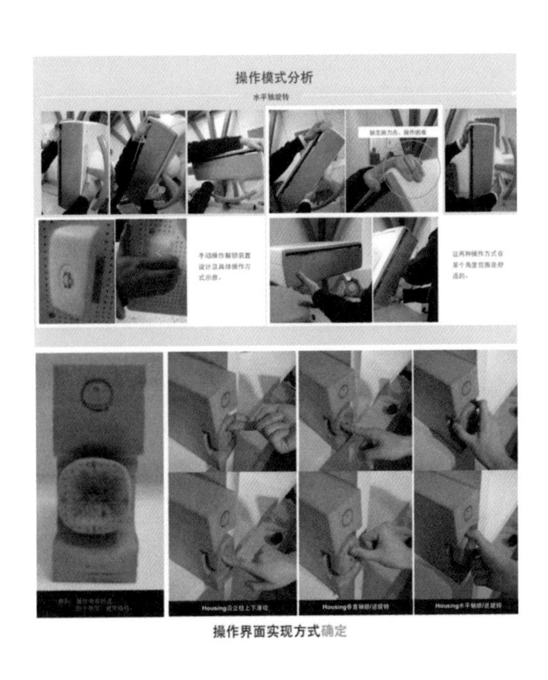


◎ 图 7.2-8　洛可可为 GE 提供的医患体验整体设计解决方案（二）

## 7.2.3 设计竞赛组织

举办设计大赛，目的是通过设立公平的比赛规则、比赛题目，广泛号召公司、个人、学校师生，激发对设计的兴趣和创造力，培养创新思维，促进人才教育的革新，发掘设计新星，预测设计趋势，实现设计知识和实践的交流，探讨产、学、研合作的新模式，促进人类生产、生活的健康可持续发展。

著名的设计竞赛有 IDEA 设计比赛、红点设计大奖等。

### 1. IDEA 设计比赛

美国的 IDEA 设计比赛的全称是 Ineustrial Design Excellence Awards，即“美国工业设计优秀奖”。IDEA 设计比赛是由美国《商业周刊》（*Business Week*）主办、美国工业设计师协会（Industrial Designers Society of America，IDSA）担任评审的工业设计竞赛。该奖项设立于 1979 年，主要是颁发给已经发售的产品。它虽然只有 42 年的历史，却有着不亚于 iF 的影响力。作为美国主持的唯一一项世界性工业设计大奖，其自由创新的主题得到了很好的突出。每年由美国工业设计师协会从特定的工业领域选出顶级的产品设计，授予工业设计优秀奖（IDEA），并公布于当期的《商业周刊》上。

IDEA 设计比赛自 20 世纪 90 年代以来在全世界极具影响力，每年的评奖与颁奖活动不仅是美国制造业彰显设计成果的重要事件，而且对其他国家的企业产生了强大的吸引力。IDEA 设计比赛的作品不仅包括工业产品，还包括包装、软件、展示设计、概念设计等，包括 9 大类、47 小类。

全世界的设计师、学生和企业每年都有机会将其设计的作品呈现在各种知名评委面前，接受评判，以争取获奖，成为世界上最优秀的

IDEA 设计比赛的评判标准：设计的创新性、对用户的价值、是否符合生态学原理、生产的环保性、适当的美观性和视觉上的吸引力。

设计。每年都会有上万件作品参加 IDEA 设计比赛的评选，奖项分为金奖和银奖。专家们会从上万件的作品中挑选出 100 件左右的优秀作品，颁发给它们应有的荣誉。

赢得奖项的作品将在世界范围被大量的媒体报道，并全年在设计展览中陈列，也会受邀成为亨利·福特博物馆的永久收藏。

IDEA 设计比赛共有如图 7.2-9 所示的三重使命。

IDEA 设计比赛的评判标准主要有设计的创新性、对用户的价值、是否符合生态学原理、生产的环保性、适当的美观性和视觉上的吸引力。

1 通过不断拓展我们的边界、连通性和影响力来引导专业领域

2 通过重视职业发展与教育来启发设计师的设计理念及提升其职业素养

3 提升工业设计领域的水平和价值观

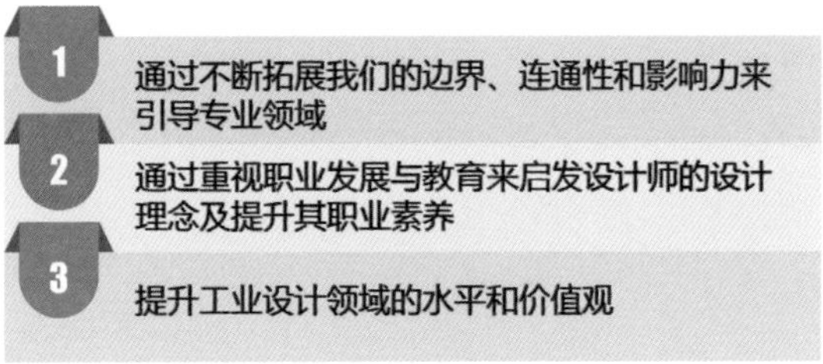

◎ 图 7.2-9 IDEA 设计比赛的三重使命

如图 7.2-10 所示为 2018 年 IDEA 设计比赛的获奖作品——Microsoft Surface Dial 计算机辅助工具。这是一种用于多输入计算的计算机辅助工具，尤其适合进行数字化绘图。它提供了一种全新的、浸入式的人机交互方式，可以让你在电子世界

◎ 图 7.2-10 Microsoft Surface Dial 计算机辅助工具

中模拟、存储、自定义、访问、导航和重新想象物理工具。当使用Surface Studio时，它可以让你重新想象设计的方式。你只需要把它直接放在屏幕上，就可以看到吸色管或标尺神奇地出现在你的数绘板上。

如图7.2-11所示为2019年大赛的获奖作品——明基投影机纸浆模塑包装设计。基于各大电商购物节销售记录屡创新高，但留下了堆积如山的包装废品，明基（BenQ）为其电子产品推出的全新包装，采用了非复合型纸浆模塑材料，易于回收循环利用，十分环保。它的外盒可有效起到缓冲作用，防止里面的产品跌落和碰撞，无须额外的填充，隐藏式包装手柄具有平坦的表面，大大节省了存储和运输空间。

◎ 图7.2-11　明基投影机纸浆模塑包装设计

## 2. 红点设计大奖

红点设计大奖（Red dot design award）简称红点奖，始于1955年，由德国诺德海姆威斯特法伦设计中心主办，总部设在德国。此奖项由资深设计师和权威专家组成国际评委会，根据产品的创新程度、功能性、环保和兼容性等标准，评选出最优秀的参选产品，代表了全球工业设计界对其设计和品质的认可。

红点奖在早期纯粹是德国国内的奖项，后来逐渐发展成为国际性的创意设计大奖。自创办以来，红点奖已经成为全球范围内最重要的设计奖项之一，现在该设计奖项主要分为产品设计、传达设计、设计概念，表彰在汽车、建筑、家用、电子、时尚、生活科学及医药等众多领域取得的成就。获得红点设计大奖不仅代表某产品的杰出设计品质在国际范围内得到认可，还意味着该产品获得了设计与商业范围内最大程度的接受度。

苹果、西门子、博世、标致、宝马、梅赛德斯 - 奔驰等都是红点奖的常年参与者。该奖项已经拥有来自 40 多个国家的超过 4000 名的参赛者，是世界上规模最大的设计奖。

红点奖素有设计界的“奥斯卡”之称，与德国 iF、美国 IDEA 并称为世界三大设计奖。

红点奖注重时尚的创造与实用的结合，每年的 2~7 月征件，评委们对参赛产品的创新水平、设计理念、功能、生态影响及使用寿命等指标进行严苛评价后，最终选出获奖产品，将其在德国的红点设计博物馆及红点设计官方网页上展出。

一些杰出的行业产品设计、大众传媒设计因其达到设计品质的极高境界而被授予“红点至尊奖”。

红点奖的评审标准如图 7.2–12 所示。

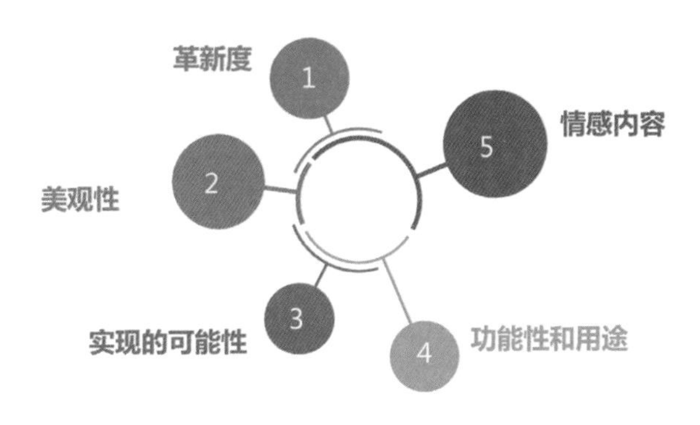


◎ 图 7.2–12　红点奖的 5 个评审标准

（1）革新度。产品设计概念是否属于创新，或是属于现存产品的新的更让人期待的延伸补充。

（2）美观性。产品设计概念的外形是否悦目。

（3）实现的可能性。现代科技是否允许设计概念的实现。如果目前的科技程度达不到实现设计概念的程度，未来 1~3 年里是否有可能实现。

（4）功能性和用途。设计概念是否符合操作、使用、安全及维护方面的所有需求；是否满足一种需求或功能；能否以合理的成本生产出来；人体工程学和与人之间的互动 产品概念是否适用于终端使用者的人体构造及精神条件。

（5）情感内容。除了眼前的实际用途，产品概念能否提供感官品质、情感依托或其他有趣的用法。

在得知参赛结果和公布结果之间，将预留足够的时间给获奖者申请保护获奖设计概念。参加红点奖竞赛不会使参赛者的知识产权受到损害。

该奖项的评审在每年的 7 月进行，所有获奖者将在 8 月获得通知。没有获奖的设计概念将不会向外界公布。只有获奖的设计概念才会在颁奖典礼和庆祝活动中被揭晓，所以获奖者有大概 3 个月的时间来申请对获奖作品的知识产权保护。

世界上任何国家和地区的设计师、设计工作室、设计公司、研究试验单位、发明者、设计专业人士及学生， 都有参赛资格。评审团将通过评审过程对所有市场上不存在的设计发明直接做出获奖决定。

如图 7.2-13 所示，电工工具 R210CMS 是 2018 年红点奖获奖作品。它的设计目标是必须吸引那些想要第一次购买电工工具的业余爱好者，并且在准确性、质量和多功能性方面也能匹敌专业的竞争对手。

◎ 图 7.2-13　电工工具 R210CMS

R210CMS 设计的重点是尽量减少关键区域所需的部件数量和装配步骤，同时将重量减少 10%。其优化设计的材料和工艺，提高了机械元件之间的耐受力，以提高精度、简化生产周期。R210CMS 的物理足迹与以往的模型相比，减小了包装尺寸，最大限度地提高了运输效率，从而减少了碳足迹。

虽然许多类似的定价单元在内部组件上共享规范，但 R210CMS 在外围设计元素上妥协以满足成本点。这为进化提供了一个增加价值的机会，同时创造了自己独特的设计语言。

R210CMS 采用中央的、灵巧的手柄（与刀片在一起）和精心设计的触点，包括安全保护扳机和斜角锁，使 R210CMS 能够在人机工程学和美学方面对抗它的入门级对手。

再如图 7.2-14 所示的作品 JUCE Arena——一款会议用的免打扰装置。在会议的过程中，手机常常会扮演一个“干扰者”的角色。这款产品可以在会议的过

◎ 图 7.2-14　会议用免打扰装置 JUCE Arena

程中将手机收纳起来，以便于提高会议的效率。在使用时，只需要把手机放进装置中，手机就会进入免打扰模式。同时，这款产品还可以设置会议的时间，并自动对会议内容进行录音。

一般来说，如果我们把问题仅仅定义在“不让人用手机”上，做到这一步也就可以了，就像是很多大学的教室里专门装手机的袋子一样。但这款产品则不然，设计者思考了这样一个问题：“为什么开会的过程中还要用手机？”很多时候，使用手机并不是为了娱乐或是打发时间，而是确实需要通过手机来处理一些工作上的事务。这款产品设计了配套的软件，在放置手机之后，软件会自动启动，根据用户预设的内容自动回复手机的消息，让与会者安心地将注意力集中在会议的内容上。

# 7.3 设计管理

设计与管理，这是现代经济生活中使用频率很高的两个词，也是企业经营战略的重要组成部分之一。所谓设计，指的是把一种计划、规划、设想、解决问题的方法，通过视觉的方式传达出来的活动过程。而管理则是由计划、组织、指挥、协调及控制等职能要素组成的活动过程，其基本职能包括决策、领导、调控等。

设计管理的 3 个核心内容如图 7.3-1 所示。

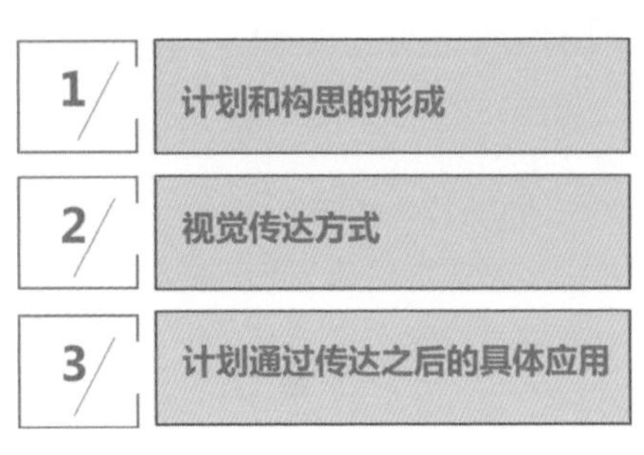

◎ 图 7.3-1　设计管理的 3 个核心内容

设计管理是一个根据使用者的需求有计划、有组织地进行研究与开发的管理活动。它

设计管理的定义：根据使用者的需求有计划、有组织地进行研究与开发的管理活动。它有效地积极调动设计师的开发创造性思维，把市场与消费者的认识转换在新产品中，以新的更合理、更科学的方式影响和改变人们的生活，是为企业获得最大限度的利润而进行的一系列设计策略与设计活动的管理。

有效地积极调动设计师的开发创造性思维，把市场与消费者的认识转换在新产品中，以新的更合理、更科学的方式影响和改变人们的生活，是为企业获得最大限度的利润而进行的一系列设计策略与设计活动的管理。

## 7.3.1 设计管理的重要性

设计管理不只是产品目标、定量物流、产品实现和／或生产阶段的项目管理，尽管它包含这些内容并从没忽略它们。设计管理是对与进行的项目相关的所有多学科思想和程序的调和与管理——确保“商业需求”的精确定义，经过所有设计发展和生产阶段，直到客户的最终使用。这包括维护问题的考虑和未来项目或商业需求的反馈。它把清晰的意图作为确保可控程序和乐观的创造性机遇所需的关键元素（见图 7.3-2）。

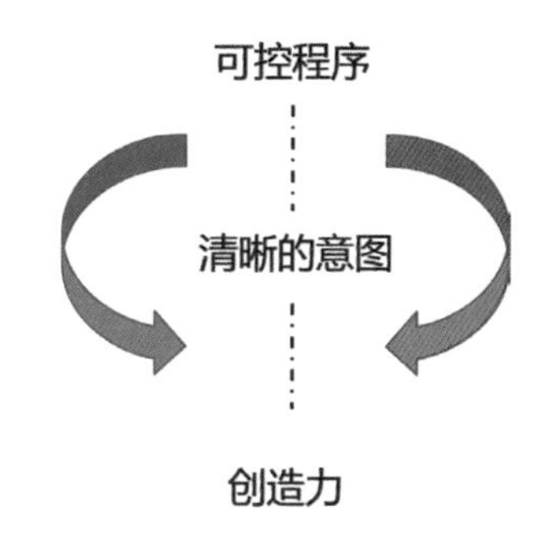


◎ 图 7.3-2 清晰的意图的核心

在生产阶段，传统的项目管理可能想采纳在机构和设计规划的早期阶段由别人做出的设计决定，但设计管理则是通过确保质量兼备的设计关系与战略机构目标相一致来驱动整个程序的。这涉及重复的提问和所有阶段的再评估，包括整个项目周期中的所有团队成员，以及对战略、市场营销和具有设计项目参数适当水平的可运作商业参数的平衡及同步考虑。

成功的设计项目管理创造了一个呈现于项目中的切实的“第三方”——所有设计团队的参与者可以感知的“脉动”。这一“脉动”的创造是建立“单一视角”，告知团队人员清晰的意图的关键点，项目发展和成长直到完成的要求对所有参与者来说都是清楚的，那么就只有一个共识和路线图：“是什么”、“在哪里”和“怎样做”。

在领导力和商业管理的理论中，这一过程被称为想象。成功的设计管理为关注商业结果和设计的结合提供了达到目标所需的领导品质。

### 7.3.2 什么是成功的设计项目

成功的设计项目是指什么？成功能被测量吗？我们必须思考和定义成功是什么，它可以怎样被测量，以及它应该根据谁的观点来判断。对成功最好的判断是项目的客户，特别是客户的经济“支持者”，无论是客户和股东／托管人还是其他经济支持者。不管客户在利益或非利益部分中是否有作用，都是一样的。客户通常是需求的缔造者，虽然不总如此，但资金的提供者往往要求启动和推进项目，然后通过或针对已完成的设计进行运作。

如果说项目可以通过额外的销售或得到特别的青睐等方式使客户的商品得到升值，那么项目就可以被认定为成功。然而，这并不一定是说，成功只能在商业基础上被判定，或由增加的利益或市场份额所决定。它也可以通过文化的或其他社会利益来判定。例如，在博物馆或艺术陈列馆设计中，针对新的观众，无论他们是年轻／年老的，都可以提供更多的触及身体和思维的文化遗产项目。如果项目被设计师们认定为成功，但却没有使机构所对应的工作方面得到增值，那么就有观点认为该项目不能算成功。在这些情形下，表面的审美性或项目的其他狭义方面得到评估。

传统意义上的项目管理主要围绕三个因素：成本、时间和工作范围。

因此，这意味着增值到商业实体中的方式只能由客户决定，也必须在计划中定义或表述清楚。这说明了客户角色在设计过程一开始的重要性。增加利益是关键，因为这转过来会通过增加客户销售／使用／青睐等产生商业利益或“增值”。设计目标的层次如图 7.3-3 所示。

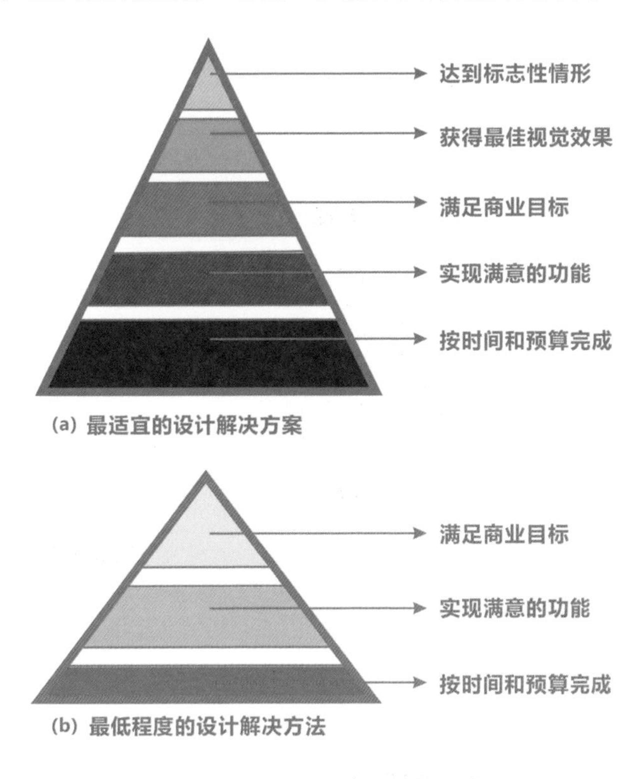


◎ 图 7.3-3　设计目标的层次

## 7.3.3　项目执行的影响因素

传统意义上的项目管理主要围绕三个因素：成本、时间和工作范围。这三个因素之间的关系通常被形容为一个三角形，而有些人会把“质量”作为影响以上三个因素的统一主题，并把它放在这个三角形的中央位置。不过，由于商业项目必须准时交付，而且其成本和工作范围不能超过预定计划，同时要满足客户与设计师的质量预期，因此有人把这种限制关系描绘成钻石的形状，其中“质量”是四个顶点中的一点。无论你采用何种关系模式，成本、时间、工作范围和质量都是项目管理中影响所有工作的主要因素。

如果将这个概念再推进一步，设计管理的限制因素可以被简绘成一个包含时间、成本和工作范围几个细分内容的更加复杂的三角形图表（见图 7.3-4）。

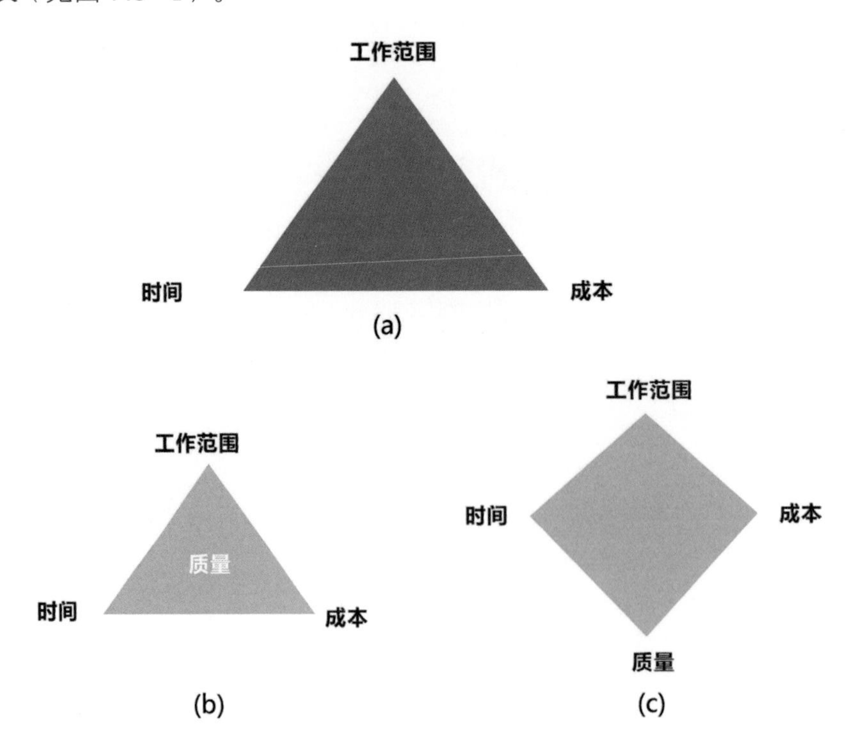


◎ 图 7.3-4　传统项目管理的三角形及三角形变体图

时间是至关重要的。良好的时间管理意味着每个环节都要在时间表规定的特定期限内完成，并且在每个阶段完成之后要通过报告的形式汇报工作的进展。

成本包括已经与客户达成共识的为设计服务所做的成本整体预算，其中包括打印等设计服务之外的费用预算。另外，设计师必须适当地掌控自己的资源，确保将适合的人员、设备和材料投入到设计方案中去。

工作范围从概念上来看有些复杂，但是在这个方面，设计师应该注意两个问题：一是产品范围，或者说设计师所交付的设计服务的整体质量，这些信息都应该体现在创意纲要中；二是项目范围，或者说工作所涉及的范围，也就是为了使交付的设计成果达到预期标准所要付出的努力。这些工作在每个环节、每个阶段都要进行衡量，设计师必须意识到这些因素，以确保项目的平衡并保证项目顺利地推进。

每个设计任务都需要由设计师、客户和与之相关的团队通过合作来完成，这就需要一个独一无二的短期管理机构来对这个过程进行管理。虽然设计师可以影响设计项目中具体的因素，但多数设计师并不能真正地控制它们。一般情况下，设计师都是在客户设定的参数范围内进行工作的。另外，时间表、预算和至少一部分设计项目的人选通常都是由客户决定的。与此同时，沟通目标、受众需求及品牌框架等因素都会影响设计的进程，因此也都需要进行管理（见图 7.3-5）。

估算的东西永远都不可能完美，而且创意的产生也很难用精确的时间表来衡量。但是在商业社会，时间就是金钱，设计师必须按时交付他们的创意，然后他们才能接受下一个工作的委托。如果他们不能及时交付作品，他们的收入就可能低于行业的平均标准，甚至可能赔钱，实际上他们可能并不缺乏资金充足的客户和众多的工作项目。也就是说，如果缺乏良好的管理，设计师的工作将很难进行下去。

一个设计项目的执行包含了诸多设计流程，每个流程阶段又分解

一个设计项目的执行包含了诸多设计流程，每个流程的阶段又分解为若干步骤，其中还包括了各阶段必须完成的一些更加细微的阶段性工作。每个阶段的工作都会影响到项目的时间、成本和工作范围。因此，每一项工作都需要有适当的定义、资源的分配、时间的分配和恰当的管理。

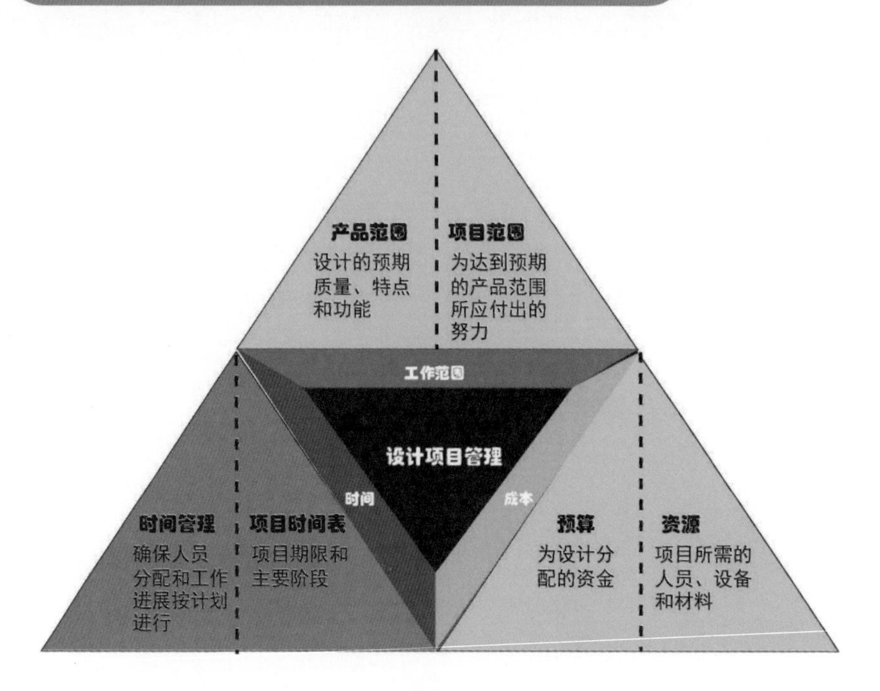


◎ 图 7.3-5　设计项目管理限制因素的三角形详解图

为若干步骤，其中还包括了各阶段必须完成的一些更加细微的阶段性工作。每个阶段的工作都会影响到项目的时间、成本和工作范围。因此，每一项工作都需要有适当的定义、资源的分配、时间的分配和恰当的管理。

如图 7.3-6 所示描述了设计项目管理流程的众多步骤。无论是大型的设计项目还是小型的设计项目，都需要有人从始至终地管理项目的方方面面。

## 案例：青蛙设计公司——一切为了创新

“为什么全球主要的巨人企业如迪士尼、微软、通用电气和摩

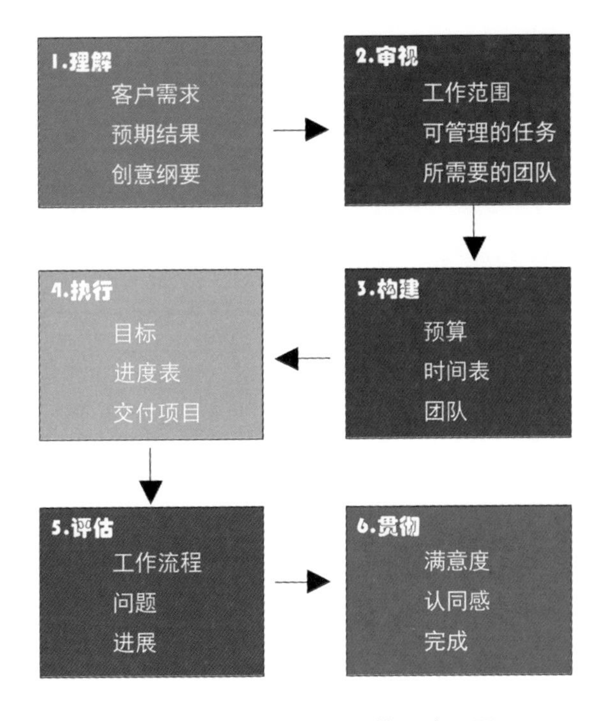


◎ 图 7.3-6　设计项目管理流程图

托罗拉在掌握行业资源后，都还需要向青蛙设计公司这样的机构寻求建议或解决方案？”

青蛙设计公司在多年前就回答了这个问题：“因为敏感而新鲜的想法难以存活在大多数企业的毒性环境中。”

德国的工业设计举世闻名，包豪斯和乌尔姆设计学院作为现代设计最重要的摇篮，培养了两代设计师，开创了系统的设计方法和理性设计的原则。但到了 20 世纪 60 年代，商业主义设计盛行，德国工业设计中机械化且刻板的特征导致它们逐渐失去竞争力。德国国内一些新兴的设计公司开始探索新的出路，青蛙设计公司就是其中的代表（见图 7.3-7）。在创立之初，青蛙设计公司就把设计定位为策略性专业，与工业和商业相结合，创造出审美和功能兼备的科技产品。它希望所有的设计师都能够掌握自己的命运，不甘心只是做一个装饰工匠。

◎ 图 7.3-7　青蛙设计公司的标志

青蛙设计公司的创始人艾斯林格（Hartmut Esslinger）于1969年在德国黑森州创立了自己的设计事务所，这便是青蛙设计公司的前身。艾斯林格先在斯图加特大学学习电子工程，后来在另一所大学专攻工业设计。这样的经历使他能将技术与美学结合在一起。1982年，艾斯林格为维佳（Wega）公司设计了一款亮绿色的电视机，命名为青蛙，获得了很大的成功。于是艾斯林格将“青蛙”作为自己的设计公司的标志和名称。另外，青蛙（Frog）一词恰好是德意志联邦共和国（Federal Republic of Germany）的缩写，也许这并非偶然。青蛙设计公司也与布劳恩公司一样，成了德国信息时代工业设计的杰出代表。

青蛙设计公司的设计既保持了乌尔姆设计学院和布劳恩公司的严谨和简练，又带有后现代主义的新奇、怪诞、艳丽，甚至嬉戏般的特色，在设计界独树一帜，在很大程度上改变了20世纪末的设计潮流。其设计哲学为“形式追随激情”（Form follow semotion），因此其许多设计都有一种欢快、幽默的情调，令人忍俊不禁。青蛙设计公司设计的一款儿童鼠标器，看上去就像一只真老鼠，诙谐有趣，逗人喜爱，让儿童产生一种亲切感。

艾斯林格认为，20世纪50年代是生产的时代，60年代是研发的时代，70年代是市场营销的时代，80年代是金融的时代，而90年代则是综合的时代。因此，青蛙设计公司的内部和外部结构都做了调整，使原先传统上各自独立的领域的专家协同工作，目标是创造最具综合性的成果。为了实现这一目标，青蛙设计公司采用了综合性的战略设计过程，在开发过程的各阶段，企业形象设计、工业设计和工程设计三个部门通力合作。这一过程包括深入了解产品的使用环境、用户需求、市场机遇，充分考虑产品各方面在生产工艺上的可行性等，以确保设计的一致性和高质量。此外，必须将产品设计与企业形象、包装和广告宣传统一起来，使传达给客户的信息具有连续性和一致性。

青蛙设计公司的设计原则是跨越技术与美学的局限，以文化、激情和实用性来定义产品的。艾斯林格曾说：“设计的目的是创造更为人性化的环境，我的目标一直是将主流产品作为艺术来设计的。”由于青蛙设计公司的设计师们能应付前所未有的设计挑战，从事各种不同的设计项目，大大提升了工业设计职业的社会地位，向世人展示了工业设计师是产业界最基本的重要成员以及当代文化生活的创造者之一。艾斯林格于 1990 年荣登《商业周刊》封面，这是自罗维于 1947 年作为《时代周刊》封面人物以来设计师仅有的殊荣。

对青蛙设计公司来说，设计的成功既取决于设计师，也取决于客户。相互尊重、高度的责任心及真正的需求是极为重要的，这是青蛙设计公司与众多国际性公司合作成功的基础。

青蛙设计公司的全球化战略始于 1982 年，当年其在美国加州坎贝尔市设立了事务所，1986 年又在日本东京设立事务所，开拓亚洲业务。青蛙设计公司的美国事务所为许多高科技公司提供设计服务，于 1982 年获得了与苹果公司合作的机会。青蛙设计公司的设计脱离了当时科技产品笨重、单调的外观，提供了一种新的设计语言，其中一些策略如下：

（1）苹果计算机是小巧、干净、白色的。

（2）所有图形和字体都必须是简洁和有秩序的。

（3）最终产品将由最先进的工厂车间打造，具有灵巧和高科技感的外观。

作为苹果公司长期的合作伙伴，青蛙设计公司积极探索“对用户友好”的计算机，并通过采用简洁的造型、微妙的色彩及简化了的操作系统，取得了极大的成功。1984 年，青蛙设计公司为苹果公司设计的苹果 II 型计算机出现在时代周刊的封面上，被称为“年度最佳设计”（见图 7.3–8）。

◎ 图 7.3-8　青蛙设计公司为苹果公司设计的苹果 II 型计算机

从此以后，青蛙设计公司几乎与美国所有重要的高科技公司都有成功的合作，其设计被广为展览、出版，并成了荣获美国工业设计优秀奖最多的设计公司之一。30 多年过去了，我们惊讶地发现，以上提及的这些策略仍然作为苹果风格的灵魂，沿用至今。

青蛙设计公司的设计师们也需要激发灵感，他们常说："激发创意设计的灵感，应该让这些设计元素都呈现在我们的眼前，然后我们可以更好地思考。"与其他类似的公司相比，青蛙设计公司有更加丰富的经验，因而能洞察和预测新的技术、社会动向和商机。正因为如此，青蛙设计公司能成功地诠释信息时代工业设计的意义（见图 7.3-9）。

◎ 图 7.3-9　青蛙设计公司的设计师在讨论设计思路

青蛙设计公司大多数脱颖而出的灵感，可以归结为如图 7.3-10 所示的 3 个来源。

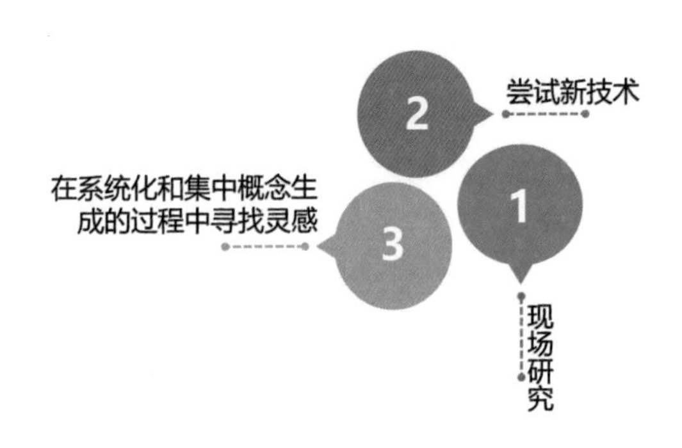


◎ 图 7.3-10　使青蛙设计公司脱颖而出的 3 个灵感来源

1. 现场研究

与终端用户一起观察、聊天的合作设计非常有用。随着研究的深入，新颖有趣的洞察随之浮出水面。在这一阶段，青蛙设计公司的目标不是去寻找设计解决方案，而是通过用户行为来了解他们的痛点以及问题形成的根本原因。这便是之前提及的系列设计活动的起点。

2. 尝试新技术

“了解一些新兴技术，运用和完善它们，看看它会给我们、给客户带来什么。”一个来自青蛙设计公司旧金山工作室的案例，是使用 VR 技术来帮助烧伤患者的，病人通过 VR 技术提供的沉浸式游戏体验来缓解治疗期间所经受的疼痛感。

3. 在系统化和集中概念生成的过程中寻找灵感

如果没有适当的组织、调节，头脑风暴环节可能是一种浪费。头脑风暴本身不能保证一定会生成良好的概念，设计师需要前后的反射时间（自己的和小组的）。新的想法也需要被处理、改进，并集中探讨可能产生的后果。

除了以上这些灵感来源之外，青蛙设计公司的设计师们仍不断探索，向其他设计师学习，甚至是学习其他公司的成功方法理论。将这些优秀的设计灵感和案例研究作为参考，是比较与衡量青蛙设计公司工作质量的标准。

在我们生活的时代里，虽然数据已经是我们所拥有的最丰富的资源，但它疯狂增长的速度仍然超过了我们的想象。这座空前的金矿将会改变我们对世界的认知，帮助我们解决从平凡到复杂的各种问题。我们面临的问题是：这些挖掘出的数据，我们要如何将它们进行变换，让它们融入我们的世界中，让人们的生活更美好。青蛙设计公司给了我们以启示。

例如，友邦保险集团是世界上第二大寿险公司，为了加强公司与客户之间的关系、提高在线人寿保险产品体验，友邦保险集团找到了青蛙设计公司，希望能够通过全新的设计语言来提升官网的体验。青蛙设计公司帮助友邦转变了他们的品牌调性，把一个新的、移动数字设计语言系统纳入其中（见图 7.3–11）。

◎ 图 7.3–11　青蛙设计公司携手友邦保险集团完成的全新数字设计语言系统

再举一个例子，出门问问是中国首个人工智能初创公司，希望青蛙设计公司能帮助他们设计一个全新的可穿戴设备，搭载品牌独特的语音识别软件，并在交互方式上做出突破，于是 Ticwatch 智能手表于 2014 年问世（见图 7.3–12），很快获得了中国年轻人的青睐。青蛙设计公司通过设计研究发现了目标人群的需求和期望，在手表边缘引入了 Tickle Strip （触摸条）这个概念。使用者可以通过按动或划动触摸条来实现缩放、菜单选择等多样化操作，确保在操作时手指不会遮挡到手表屏幕上的内容。

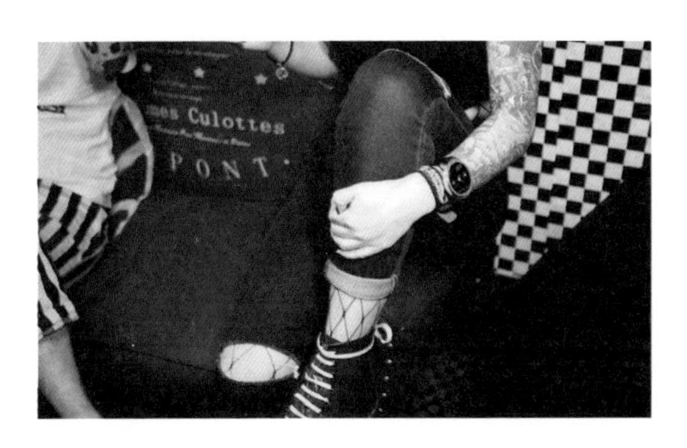


◎ 图 7.3-12　青蛙设计公司携手出门问问共同设计国内首款中文智能语音交互手表 Ticwatch

青蛙设计公司的服务涵盖各行各业，设计师们能实现跨行业的创新设计，那是因为不同的工作室有不同的专家或“领先”的特定行业。例如，青蛙设计公司在奥斯汀有医疗行业精英团队，在旧金山则拥有强大的数据科学及金融服务团队，其上海工作室在消费电子及数字金融领域有着丰富的经验。每当与客户合作时，青蛙设计公司都会启动“池塘”里的全球专家网络，专家们会与项目团队分享行业趋势、全球案例等，帮助他们深入了解客户所在行业的专业知识。在第一次接触某个新兴行业的时候，青蛙设计公司能够帮助客户跳出固有的圈子，发现非常规的和具有挑战性的假设，为客户的设计需求带来创新。

如今，青蛙设计公司的业务已经从工业设计、用户界面设计（见图 7.3-13）发展为实现了两者的融合，同时参与品牌战略设计和社会创新服务概念的策划。它们的作品包括将传统加油站改造为为电动汽车服务的充电站；使用移动技术设计未来的数字医疗方案；结合数字世界的优势和真实世界的购物体验所设计的新型零售终端，可提供智能化建议和实时互动。今天的青蛙设计公司早已不再称自己为一家设计公司，而是一家创新公司。正是对创新的不懈追求，加上远见和冒险精神，让青蛙设计公司从一个小工作室成长为今天的国际设计巨头。

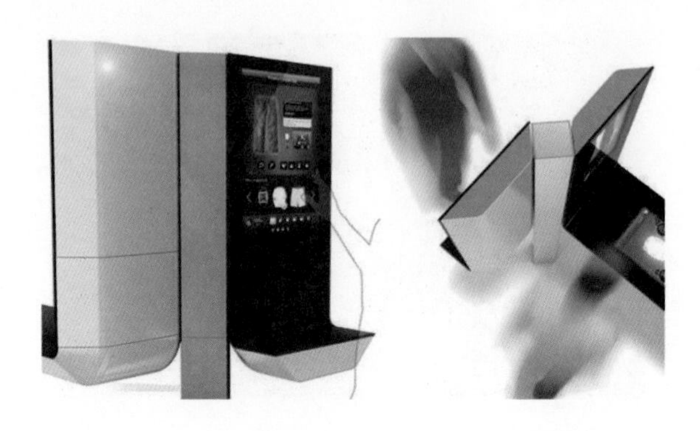

◎ 图 7.3-13　青蛙设计公司所做的用户界面设计

# 第 8 章

# 设计营销

谈论成功并不困难，毕竟有很多的成功故事和励志传记。因为只要结局皆大欢喜，怎么都会自圆其说。真正困难的是准确地说出成功的原因是什么，特别是没法直接看到其背后过程的时候，一些宽泛的词语如“出色的产品”和“有效的营销”说服力不强。

## 8.1 设计营销研究的意义

营销是指在以客户需求为中心的思想指导下，企业所进行的有关产品生产、流通和售后服务等与市场有关的一系列经营活动。市场营销作为一种计划及执行活动，其过程包括对一种产品、一项服务或一种思想的开发制作、定价、促销和流通等活动，其目的是经由交换及交易的过程达到满足组织或个人的需求目标。

1. 营销及市场营销的传统定义

（1）美国市场营销协会做的定义：市场营销是创造、沟通与传送价值给客户，以及经营客户关系以便让组织与其利益关系人受益的一种组织功能与程序。

市场营销作为一种计划及执行活动，其过程包括对一种产品、一项服务或一种思想的开发制作、定价、促销和流通等活动，其目的是经由交换及交易的过程达到满足组织或个人的需求目标。

（2）麦卡锡（E. J. Mccarthy）于1960年对微观市场营销做的定义：市场营销是企业经营活动的职责，它将产品及劳务从生产者直接引向消费者或使用者，以便满足客户需求及实现公司利润，同时其也是一种社会经济活动过程，其目的在于满足社会或人类需要，实现社会目标。

（3）菲利普·科特勒（Philip Kotler）对营销做的定义强调了其价值导向：市场营销是个人和集体通过创造并同他人交换产品和价值以满足需求和欲望的一种社会和管理过程。

（4）菲利普·科特勒于1984年对市场营销做的定义：市场营销是指企业的这种职能，认识目前未满足的需要和欲望，估量和确定需求量的大小，选择和决定企业能最好地为其服务的目标市场，并决定适当的产品、劳务和计划（或方案），以便为目标市场服务。

（5）格隆罗斯为营销做的定义强调了营销的目的：营销是基于某种利益，通过交换和承诺，建立、维持、巩固与消费者及其他参与者的关系，实现各方的目的。

### 2. 营销及市场营销的新式定义

（1）江亘松在《你的行销行不行》一书中强调行销的变动性，利用行销的英文Marketing做了下面的定义："什么是行销？就字面来说，行销的英文是Marketing，若把Marketing这个字拆成Market（市场）与ing（英文的现在进行时表示方法）这两个部分，那行销可以用'市场的现在进行时'来表达产品、价格、促销、通路的变动性导致供需双方的微妙关系。"

（2）中国人民大学商学院郭国庆教授建议将市场营销的新定义完整表述为：市场营销既是一种组织职能，也是为了组织自身及利益相关者的利益而创造、传播、传递客户价值、管理客户关系的一系列过程。

（3）关于市场营销最普遍的官方定义：市场营销是计划和执行关于商品、服务和创意的观念、定价、促销和分销，以创造符合个人和组织目标的交换的一种过程。

图 8.1-1 展示了市场营销过程的简要模型。在前四步中，公司致力于了解客户需求，创造客户价值，构建稳固的客户关系。在最后一步，公司收获创造卓越客户价值的回报，通过为客户创造价值，公司相应地以销售额、利润和长期客户资产等形式从客户处获得价值回报。

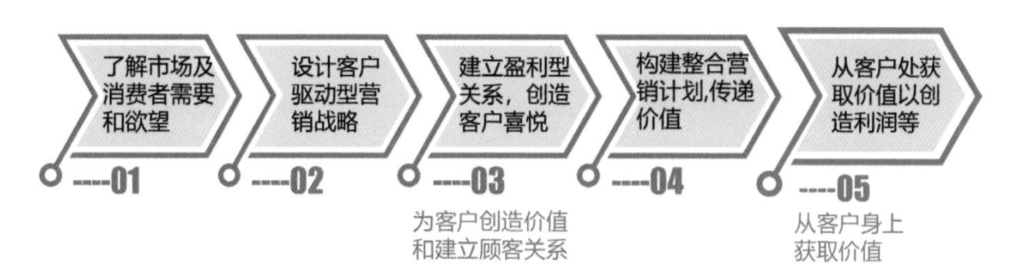


◎ 图 8.1-1　市场营销过程的简要模型

如图 8.1-2 所示为将所有概念综合起来的市场营销过程的扩展模型。什么是市场营销？简单地说，市场营销就是一个通过为客户创造价值而建立盈利型客户关系，并获得价值回报的过程。

营销过程的前四步注重为客户创造价值。企业最初通过研究客户需求和管理营销信息获得对市场的全面了解，然后根据两个简单的问题设计客户驱动型营销战略。第一个问题是:“我们为哪些客户服务？”（市场细分和目标市场选择），优秀的市场营销企业知道它们不能在所有方面为客户提供服务。企业需要将资源集中于它们最具服务能力，并能收获最高利润的客户。第二个市场营销战略问题是："如何最好地为目标客户服务？"（差异化和定位）。市场营销人员这时须提出一个价值陈述，说明企业为赢得目标客户应传递怎样的价值。

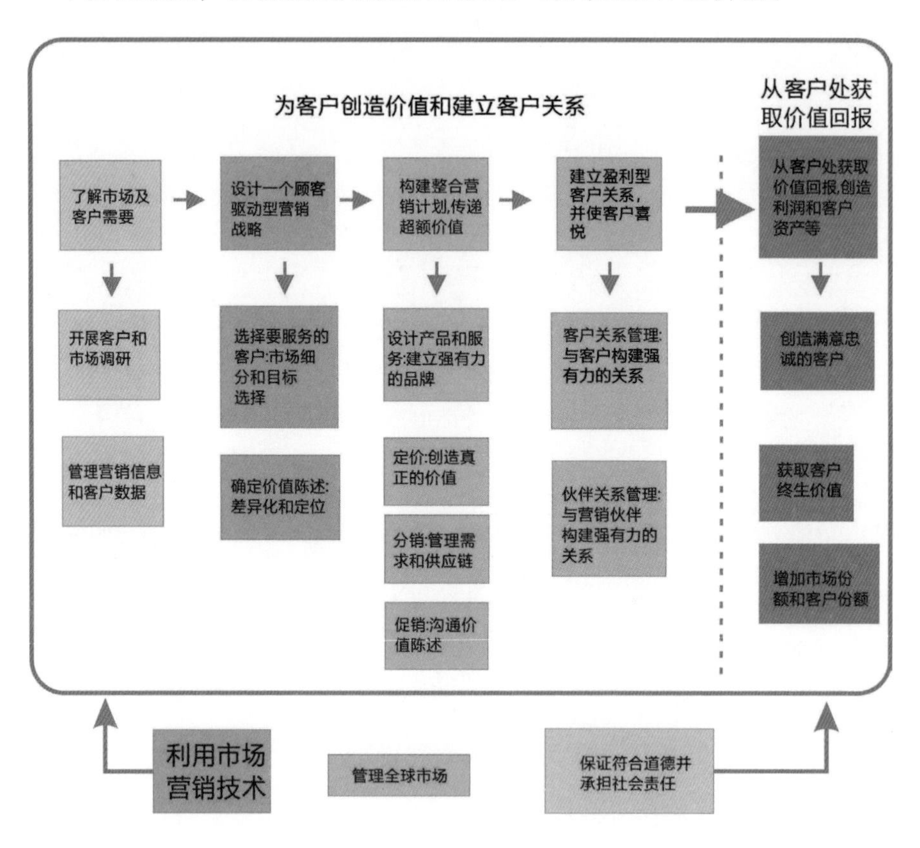


◎ 图 8.1-2　市场营销过程的扩展模型

我们再来回顾一下设计的定义，设计是为构建有意义的秩序而付出的有意识的直觉上的努力。

第一步：理解客户的期望、需要、动机，并理解业务、技术和行业上的需求和限制。

第二步：将这些所知道的东西转化为对产品的规划（或者产品本身），使产品的形式、内容和行为变得有用、能用、令人向往，并且在经济和技术上可行（这是设计的意义和基本要求所在）。

这个定义可以适用于设计的所有领域，尽管不同领域的关注点从形式、内容到行为上均有所不同。

设计营销的研究目的则可以从市场营销的过程中知晓，是为了巩固设计者及其设计产品的生存和发展。设计营销研究的意义具体表现为有利于更好地满足人类社会的需要，有利于解决设计产品与市场的结合问题，有利于增强设计的市场竞争力，有利于进一步开拓设计的国际市场，通过对设计思维、设计策略、设计产品、设计组织、设计运行的有机营销实现多元化价值。

## 8.2 平衡内外营销

正如《财富》杂志评论员所言，世界 500 强企业长于其他企业的根本原因，就在于前者善于给他们的企业文化注入活力，凭着企业文化力，这些一流公司保持了百年不衰。企业文化都是靠全体人员的思想、理念和行为形成的，企业的文化力强说明企业的内部营销做得好。

例如，可口可乐的商业理念定义是：企业商业回报来自企业员工对工作价值与社会责任的认可。可以看出可口可乐对员工的重视，正是由于做好了内部的工作，才使企业的外部营销做得如此成功。

### 8.2.1 从企业结构看内外营销

早在 1994 年，哈佛大学教授赫斯凯特的“服务利润链管理理论”认为，企业的内部员工越满意，企业的外部客户就越满意，企业的获利能力就越强。要想做好内部营销，企业必须避免传统管理模式的缺

内部营销要先于外部营销：企业要生存，就必须盈利，要想盈利，就必须以客户为中心，向客户提供产品或服务。而直接向客户提供产品或服务的是企业的一线员工。任何一个部门的员工工作或服务有问题，就可能直接影响企业外部客户的满意度，进而影响利润的增加，影响企业的持续发展。

陷，实施倒金字塔式的管理方式，将客户放在最上层，第一线员工在第二层，第三层是中层管理者，最下面的是企业决策者和董事。

企业要生存，就必须盈利，要想盈利，就必须以客户为中心，向客户提供产品或服务。而直接向客户提供产品或服务的不是企业的董事会、高层管理者，而是企业的一线员工。一线员工来自企业的营销部门、财务部门、生产研发部门，任何一个部门的员工工作或服务有问题，就可能直接影响企业外部客户的满意度，进而影响利润的增加，影响企业的持续发展。因此企业在做营销时，不仅要进行外部营销，还要进行内部营销，而且内部营销要先于外部营销。

何为内部营销？菲利普·科特勒指出，内部营销是指成功地雇用、训练员工，最大限度地激励员工更好地为客户服务。需要注意的是，企业内部员工在不同的时候扮演不同的角色。在进行外部营销时，员工作为营销者为外部员工提供服务；在进行内部营销时，员工作为客户被提供服务。有时一线的员工也分为前台人员（直接面对客户的员工）和后台人员（为前台提供后勤服务的员工）。为了做到前台、后台人员沟通顺畅，必须协调好各级各层的关系，对其进行内部营销。

### 8.2.2 进行内部营销要把好三道关

如果企业缺少好的内部运作，不能在众人面前展示企业自身的文化特色，不能抱着一种良好的心态去面对工作，即使有再广阔的外部营销空间，也不过是徒劳而已。

内部营销的最大作用在于让员工最大限度地为客户提供服务，因此企业要想做好内部营销必须把好如图 8.2-1 所示的三道关。

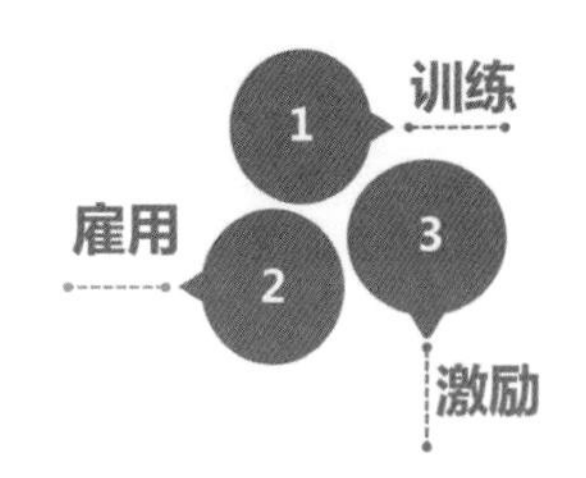


◎ 图 8.2-1　企业内部营销必须把好的三道关

1. 雇用

企业在招聘员工时，一定要选好人。人力资源部门直接承担起营销的责任，如何做好招聘的宣传，对招聘人员的考核标准的要求，对应聘者学历、经历、资历及道德的要求，是否认同公司的文化和结构等都是选好人的关键。招聘时一定要设好岗位，做到人尽其才，让合适的人在合适的岗位上工作，这样才能留住人，才能更好地为客户服务。

2. 训练三招

企业一定要对新员工进行培训。企业的成功，基于所有员工的成功；员工的成功，基于不断的学习与训练。如果我们发现员工的技术操作不标准，却不加以纠正，那么就意味着我们愿意接受较低的工作标准，客户得到的是较低的服务质量，将影响客户的心理，从而直接影响利润。培训能提高员工的技术能力和操作熟练度，相应地提高了工作效率；培训是实现人才储备的重要手段；培训能促进公司各部门的协调合作，培养团队和整体作业精神。有些时候，员工之所以会犯错并不是员工的本意，而是员工根本不知道怎么做是正确的，正确的标准是什么。

对员工进行培训时要有明确的目标，不同岗位有不同的要求，培训最好要有标准的作业程序（Small Out-line Package，SOP）。有了 SOP 可以减少不必要的步骤，大大提高培训效率。培训方式要灵活，下面给出 3 种培训方式（见图 8.2-2），它们各有优势。

（1）座谈式培训。员工在培训负责人的主持下，坐在一起提议、讨论、解决问题。此种方式可以就某一具体问题或某一制度进行提议、讨论，然后达到解决问题的目的。座谈式培训让每一位员工都能参与其中，并能发挥自己的独到见解。作为负责培训的人员，也可以集思广益。但此种方式并不是散乱无序的，培训负责人一定要事先列好提纲和议题。座谈式培训不但可以教会员工许多知识和技能，达到培训的目的，还能提供内部员工交流的机会，并达到促进员工友好合作的效果。

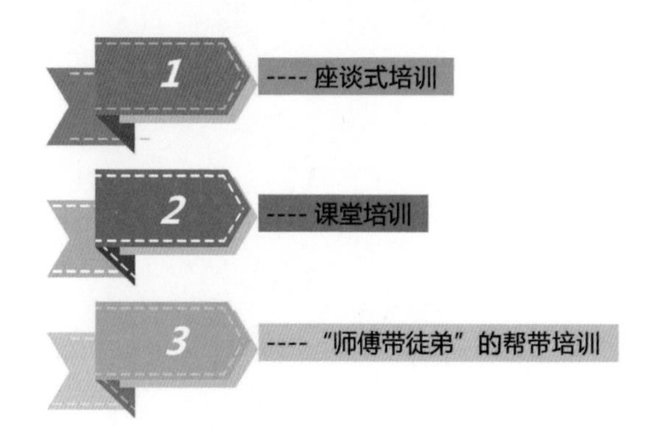


◎ 图 8.2-2　3 种培训方式

（2）课堂培训。课堂培训是最普遍、最传统的培训方法。它是指培训负责人确定培训议题后，向培训部申请教材，或自己编写相应的培训教程（培训前要请培训部审定教程），再以课堂教学的形式培训员工的一种方法。此种方式范围很广，理论、实际操作、岗位技术专业知识都可以在课堂上讲解、分析。

（3）“师傅带徒弟”的帮带培训。自己学习是爬楼梯，跟师学习是坐飞机。新进的员工与资深技术员工结成“师傅带徒弟”的帮带小组，并给出培训清单（上面列出培训标准内容和要求等）的培训方式。可以采取“一带一”或“一带多”的方式，但最好是“一带一”，此种方式要求将新员工与资深技术员工一起进行考核，这可以强化资深技术员工的责任心。

在实际培训中，往往是将多种方法综合在一起，这样才能让学员更快、更多地理解所学内容。通过培训，可以让平凡的人胜任不平凡的工作。

### 3. 激励六法

管理者都希望员工认真工作，为客户提供满意的服务，为组织创造更多的效益。人都有很大的潜力没有被开发出来，要使员工积极主动地工作，管理者就必须对员工进行有效的激励，把员工的潜能激发出来。激励的方法有很多，企业可以针对自己的情况采用适当的方法，如图 8.2-3 所示为激励六法。

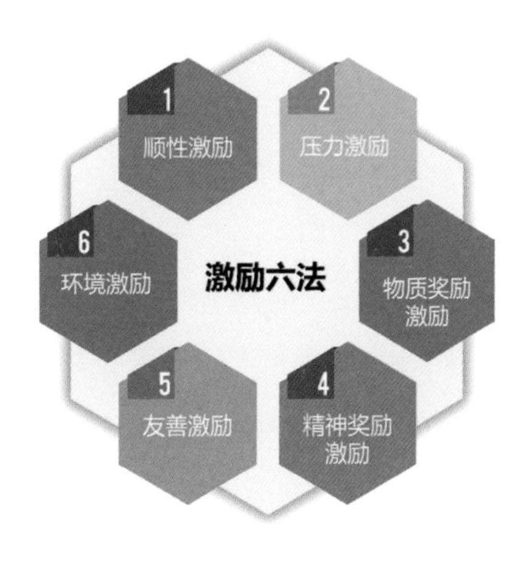


◎ 图 8.2-3　激励六法

（1）顺性激励。为员工安排的职务必须与其性格相匹配。每个人都有自己的性格特质，员工的个性各不相同，他们从事的工作也应当有所区别。与员工个性相匹配的工作才能让员工感到满意、舒适。

（2）压力激励。为每个员工设定具体而恰当的目标，目标设定应当像摘树上的苹果那样，站在地上摘不到，但只要跳起来就能摘到。目标会使员工产生压力，从而激励他们更加努力地工作。在员工取得阶段性成果的时候，管理者应当把成果反馈给员工。

（3）物质奖励激励。针对不同的员工进行不同的奖励，奖励机制一定要公平。管理者在设计薪酬体系的时候，员工的经验、能力、努力程度等应当在薪水中获得公平的评价。只有公平的奖励机制才能激发员工的工作热情。奖励要及时兑现，不能光说不做，否则会让员工对企业失去信心。企业要对员工诚信，说到就要做到，做不到的一定不要先说，否则会给员工一种被欺骗的感觉。员工大多都是“近视”的，他们不相信遥遥无期的奖励，所以对员工的奖励要经常不断，让员工看到希望。

（4）精神奖励激励。一句祝福的话语，一声亲切的问候，一次有力的握手都将使员工终生难忘。所以，当员工工作表现好时，不妨公开表扬一下；当员工过生日时，一张精美的明信片、几句祝福问候语、一次简易的生日会，将会给员工以极大的心灵震撼。对下属员工提出的建议，应微笑着洗耳恭听，一一记录在册，即使对员工的不成熟意见也应听下去，并耐心解答。对员工好的建议与构想应张榜公布。奖励一个人，激励上百人，这样做可把所有员工的干劲调动起来。

（5）友善激励。友善激励可以改善企业内部员工的人际关系。有相当一部分员工的离职是因为人际关系不和。员工都愿意在和谐融洽的气氛中工作。企业和员工之间要能达成共识。工作当中需要配合、协作、主动；企业有良好的经营理念和指导思想，员工就会有良好的工作态度和行为面对工作。

（6）环境激励。良好的办公环境能提高员工的工作效率，确保员工的身心健康。对办公桌椅是否符合“人性”和“健康”要进行严格检查，以期最大限度地满足员工的要求。每天可以设立专门的休息时间，放会音乐调节身心，或者利用健身房、按摩椅“释放自己”。

### 8.2.3 平衡内部营销和外部营销

内部营销先于外部营销，内部营销是为了更好地进行外部营销。内部营销的实质是，在企业能够成功地达到有关外部市场的目标之前，

任人唯贤而不是论资排辈，做好招聘、培训、激励等方面的工作。

必须有效地运作企业和员工间的内部交换，使员工认同企业的价值观，形成优秀的企业文化，协调内部关系，为客户创造更大的价值。

来看看麦肯锡公司是如何平衡公司的内部营销和外部营销关系的。麦肯锡公司是咨询业的标杆企业，是一个在经营业绩上取得显著、持久和实质的提高，并建立了能够吸引、培养、激励和保留优秀人才的精英企业。简单地说，客户和人才是麦肯锡公司的两大使命。客户是外部营销的对象，人才是内部营销的对象，麦肯锡公司平衡了两者的关系，首先做好了内部营销，又做好了外部营销，才使得企业的基业长青。

麦肯锡公司在内部营销方面的表现是：任人唯贤而不是论资排辈，在招聘、培训、激励方面都做得很好。

首先，麦肯锡公司只聘用名校最优秀的毕业生，内部有一个不进则退的机制，每一个咨询顾问每隔两三年都要有一个新的发展台阶，这样才能不断使人才往更高的阶段去发展。

其次，麦肯锡公司看重团队合作而不是残酷的竞争，提升或离开并没有名额限制，完全在于个人，只要达到标准了就可以提升，离开也不是竞争形成的，而是因为外部机会更好或者因为不能适应更高要求的角色。

再次，麦肯锡公司从不把离开的人看作失败者，反而会为他们提供帮助，甚至会帮他们推荐去处，体现了人性化管理，激励员工，让员工对公司存有感恩之心。

最后，麦肯锡公司的每个人都重视对人才的培养。麦肯锡公司每

麦肯锡公司的外部营销：以客户为中心，把客户利益放在公司利润之上，咨询顾问对客户的事情绝对保密，对客户诚实并随时准备对客户的意见提出质疑，能做到的就答应客户，不能做到的绝不会欺骗客户，只接受对双方都有利益并且可以胜任的工作。

营销计划对于企业的成功至关重要，对于几乎所有的企业而言，成功的市场营销都是从一份好的营销计划开始的。

年都在培训上投入巨资。此外，每个咨询顾问甚至合伙人都会参与到基础的招聘工作中，麦肯锡公司对此有一套完整的流程和标准。每一个咨询顾问都肩负着对小组成员的评价和反馈，无障碍地互相学习和沟通已经成为麦肯锡公司的一种习惯和文化。

麦肯锡公司的外部营销规则为：以客户为中心，把客户利益放在公司利润之上，咨询顾问对客户的事情要绝对保密，对客户诚实并随时准备对客户的意见提出质疑，能做到的就答应客户，不能做到的绝不会欺骗客户，只接受对双方都有益并且可以胜任的工作。麦肯锡公司之所以能做到以客户为中心，关键是有很好的企业文化，首先做好了企业内部营销。

实行内部营销是为了把外部营销工作做得更好，因此我们在进行营销时要平衡好企业的内外部关系，发现外部客户需要什么、员工需要什么，然后寻找这些需要的平衡点，合理地分配企业资源。不能把所有资源都放在内部营销上，也不能把所有资源都放在外部营销上，一定要根据企业自身的情况和所在环境的需要分配好必需的资源，包括人力、物力、财力和信息资源。

## 8.3 制订营销计划

营销计划是什么？为什么说营销计划对于企业的成功至关重要？对于几乎所有的企业而言，成功的市场营销都是从一份好的营销计划开始的。大型企业的计划书往往长达数百页，而小型企业的营销计划也得用掉半打纸。请将你的营销计划放入一个三孔活页夹内，这份计划至少得以季度划分，如果能以每月划分那就更好了。记得在销售及生产的月度报告上贴上标签，这将有助于你追踪自己执行计划的成绩。

一般计划所覆盖的时间跨度为一年。对于小型企业而言，这通常是对营销行为进行思考的最佳方式。一年的时间，世事多变，人来人往，市场在发展，客户在流动。随后应在计划的某一部分，如对企业中期未来而言，也就是在企业起步后的 2~4 年的时间点进行规划，但是计划的大部分还应该着眼于来年。

制订年度一般计划对于营销而言是“重中之重”，哪怕只有区区几页。虽然计划的执行过程可能会面临挑战，但是决定去做什么和怎么做，始终是营销所面对的最大困难。绝大多数的营销计划要自企业创办伊始就开始执行，但是如果有困难的话，也可以从财政年的开篇开始。

做好的营销计划应该拿给谁看？答案是：企业的每一位成员。很多企业通常将其营销计划视为非常机密的文件，这应该不外乎以下两种看起来差别很大的原因：计划内容太过干瘪以至于管理层都不好意思让它们出来见光，或者其内容太过丰富，涵盖了大量信息。无论是哪个原因，你都应该意识到了，营销计划在市场竞争中格外具有价值。

在制订营销计划时不让他人参与是不可能的。无论企业的规模多大，在计划制订的过程中都需要从企业的所有部门得到反馈：财务、生产、人事、供应等，销售部门除外。这点很重要，因为它将带动企业的各部门来一起执行营销计划。对于什么是可行的以及如何实现目标等问题，企业的关键人物可以提供具有现实意义的意见，并且他们还会分享对潜在的、尚未触及的市场机遇的见解，从而为企业计划提供新视角。如果企业采取了个人管理模式，那么必须在同一时间兼顾多个方面，但是至少会议时间会缩短。

营销计划与商业计划或是前景陈述之间的关系是什么呢？商业计划是对企业业务的阐述，也就是企业做什么、不做什么以及最终的目标是什么。它所涵盖的内容要多于营销，包括企业选址、员工、资金、战略联盟等，它是“远见卓识”，也就是用那些振奋人心的言语阐明企业的远大目标。商业计划对于企业而言就像是金科玉律：如果你想要做的事超越了商业计划的范畴，你需要做的是要么改变主意，要么修改计划。企业的商业计划应该为营销计划提供良好的环境，因此两份计划的目标必须是相一致的。

从另一方面而言，销售计划充满了意义。制订销售计划有如图 8.3-1 所示的五个作用。

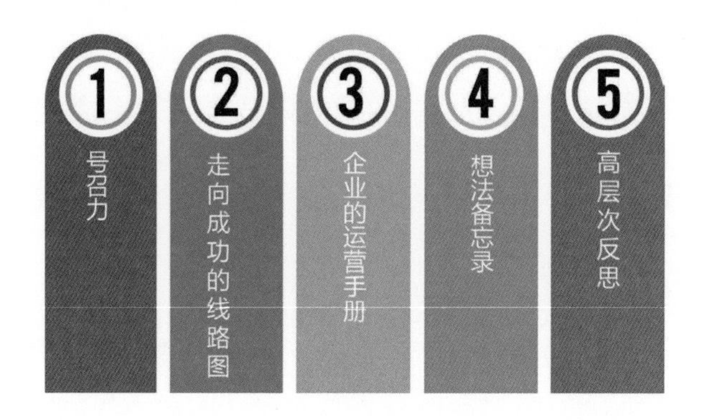


◎ 图 8.3-1　制订销售计划的五个作用

## 1. 号召力

营销计划会让你的团队紧密团结在一起。对企业而言，身为经营者的你就像是船长，手握航行图、驾驶经验丰富并且对于目的港口心中有数，你的团队会对你充满信心。企业往往低估“营销计划”对于自己人的影响——他们想要成为一个充满热情并为复杂任务而共同努力的团队中的一员。如果你希望你的员工对企业死心塌地，那么与他们分享企业未来几年走向的规划就很重要。员工并不是总能搞懂财务预测，但是一份编写良好且经过深思熟虑的营销计划会让他们感到兴奋。向全体员工公开企业的营销计划，哪怕只是缩略版。大张旗鼓地去执行企业计划，或许会为商业投机创造吸引力，员工也会为能参与其中而感到自豪。

### 2. 走向成功的线路图

我们都知道计划并不是十全十美的。谁能知道 12 个月或是 5 年后会发生些什么呢？如此说来，制订一份营销计划是不是徒劳无益？是对本可以花在与客户会面或是产品微调会上的时间的浪费吗？的确有可能，但这只是就狭义的角度而言的。但如果你不做计划，结果却是可见的，并且一个不完善的计划也要远好于没有计划。回到我们那个关于船长的比喻，与目标港口有 5°~10° 的偏差要好于脑海中就没有目的地。航海的意义毕竟是为了到达某处，如果没有计划，那么你将在海洋中漫无目的地飘荡，虽然有时会发现陆地，但是在没有航行图的情况下，更多的时候都是在漫无边界的海洋中挣扎。

### 3. 企业的运营手册

孩子的第一辆自行车和你新买的手机都会附带一套厚厚的使用说明，运行企业则要复杂得多。营销计划会一步步地将企业带向成功，它比前景陈述更重要。为了制订一份真正的营销计划，你需要从上到下了解你的企业，确保各个环节都是以最好的方式结合在一起的。想在来年把你的企业发展壮大，你能做的是什么？那就是制订一个规模宏大的待办事项清单，并在上面标注出今年的具体任务。

### 4. 想法备忘录

无须让企业的财务人员将各种数据熟记脑中。财务报告对于任何企业而言都是数字方面的命脉，无论这家企业是何种规模的。市场营销也是如此。用书面文件勾划出计划。也许有人离开，也许有新人加入，也许会发生一些事情使得改变充满压力，但这份书面计划中的信息会始终如一地提醒所认定的事情。

### 5. 高层次反思

在日常喧闹的企业竞争中，你很难将注意力转向大局，特别是转向那些与日常运行并无直接关联的环节。你需要时不时地花上一些时间去进行深入思考，如企业是否满足了你和员工的期望，是否还有可以进行创新的地方，你是否从你的产品、销售人员和市场中得到了你可以得到的一切等。制订营销计划的过程就是做如此高层次思考的最佳时间。因而，一些企业会给团队中最好的销售人员放假，其他人也各自回到家中让他们全身心地进行深入思考，为企业绘制出最精确的草图。

理想情况下，在为近几年定下营销计划后，你可以坐下来按照年份顺序重读你的计划，并与企业的发展情况进行对照。诚然，有时很难为此腾出时间（因为有个“讨人厌”的现实世界需要全力以赴），但是这个过程可以帮你无比客观地了解这些年你究竟为企业做了些什么。

### 案例：70% 的客户并不是设计师的设计公司——InVision

InVision 是一家总部位于纽约的公司，主要提供设计师共享设计原型，利用这个平台可以更轻易与其他人讨论、修改设计，同时也可以获得更为实时的回馈。利用 InVision 让设计不再是设计师或设计团队的工作，而是全体员工都能参与的，以创造出更精致的设计，使用者也能获得更好的使用体验。

其实，在 2011 年及以前，市场上原型工具的格局还非常均衡 ——

主要由 Axure 的 Axure RP（2002 年成立）、JustinMind（2007 年成立）和 Balsamiq（2008 年成立）三家公司平分市场。其中 Axure 居于榜首，而其他两家公司基本保持同样的比例。InVision 于 2011 年加入市场后开始迅速发展，现今已达到 1500 万人次的月流量，对设计圈产生了里程碑式的影响。当然任何公司的成功都离不开背后的资金支持，InVision 的成长吸引了高额的投资。InVision 先后经历了几轮融资，某轮融资金额超过了 1 亿美元。

尽管 InVision 作为一家设计公司，但其 70％的客户并不是设计师。这并不是巧合或者因为公司成功后的巨大影响力，而是 InVision 团队精心设计的结果。那到底为什么 InVision 能够在短时间内变得如此受欢迎呢？这背后必定包含了众多复杂的工作环节，要具体说出是某一项原因导致它的成功是很困难的，但单就设计营销方面，有两个部门发挥了重要的作用，那就是服务部门和营销部门。这可以从包容性、广泛性和彻底性三个方面进行总结阐述。

1）包容性

InVision 十分了解设计师不能在“真空”中工作——设计师必须不断地从非设计师的同事和客户那里获得反馈或者肯定，来改进自己的作品。InVision 的 App 十分出色地完成了这一任务，使人可以轻松地与他人共享自己的工作。即使是选择 InVision 的免费套餐，客户也可以邀请任意数量的合作者加入你的项目。而且 InVision App 非常容易上手，它的界面设计轻快简单（见图 8.3-2）。

不仅如此，InVision 早期非正式的标语“让人人都能轻松制作原型”，也自然而然地吸引着那些作为非设计师的临时客户。

InVision 的包容性不仅体现在 App 的界面设计简单，还方便客户进行共享。它的市场营销真正做到了传播它“为每个人而设计，让设计无处不在”的理念。

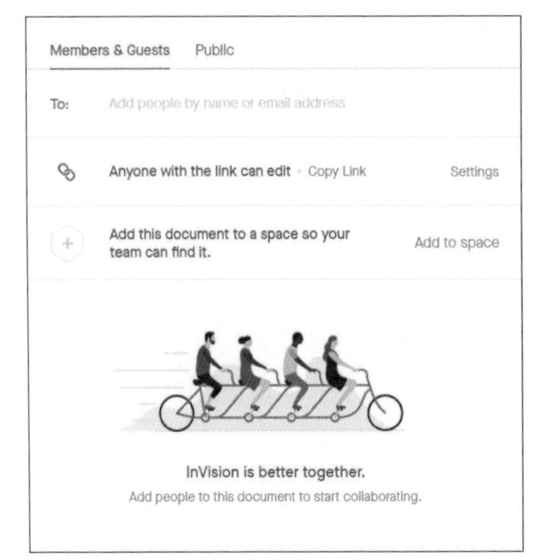

◎ 图 8.3-2　InVision 的界面十分简洁，客户可以轻松地完成作品的共享

比如，InVision 拍摄的纪录片《设计破坏者》，主要讲述了设计如何改变企业和整个行业的故事。但这部纪录片并不是拍给设计师的，而是拍给那些企业高管、开发人员、企业家、营销人员、演讲者等。在这部纪录片中的“设计”不再是指经过训练的专业视觉设计师们所遵循的既定创作过程——而成为一种媒介，将所有专业和行业统一在“设计无处不在”这一个共同理念下。

又如在商业合作方面，InVision 选择了 Atlassian、Trello、Confluence 这些专门提供项目管理服务的平台。通过与它们的合作，InVision 让客户能够在自己偏好的项目管理平台中直接进行原型绘制，进一步扩展了其在非设计师客户中的影响力。

因此，InVision 的包容性在于尽可能广泛地定义设计过程，然后让尽可能多的人参与其中，无论是设计师还是非设计师。这里的广泛性指“无处不在”。每个专业的营销团队都会尽可能地覆盖足够多的推广渠道，而 InVision 的团队在这一方面做得尤为出色。

InVision 的博客平台不仅定期更新，并且贡献者数量惊人——

共有 532 位不同的作者参与其中。其中许多文章是由专业设计师撰写的。这意味着相对于只指定少数几个作者来撰写文章而言，InVision 保证了其博客内容不会变得过时和重复。同时，InVision 采用了搜索引擎优化（SEO）策略来提高网站在有关搜索引擎内的自然排名（见图 8.3-3）。尽管博客的流量不能与 InVision 的总流量相提并论，但博客每月都能为 InVision 的其他产品和公司新闻邮件稳定地输送新客户。

◎ 图 8.3-3　InVision 博客采用的搜索引擎优化（SEO）策略

2）广泛性

InVision 创建并为客户免费提供 UI 工具包（见图 8.3-4），帮助客户不用从头开始设计，就能快速制作样机或者高保真界面，受到了设计专业人士和非设计师们的共同青睐。UI 工具包不仅提高了 InVision 的品牌知名度，而且通过吸引客户加入 InVision 的公司新闻邮件订阅名单中，为自己的网站提供了大量的反向链接。

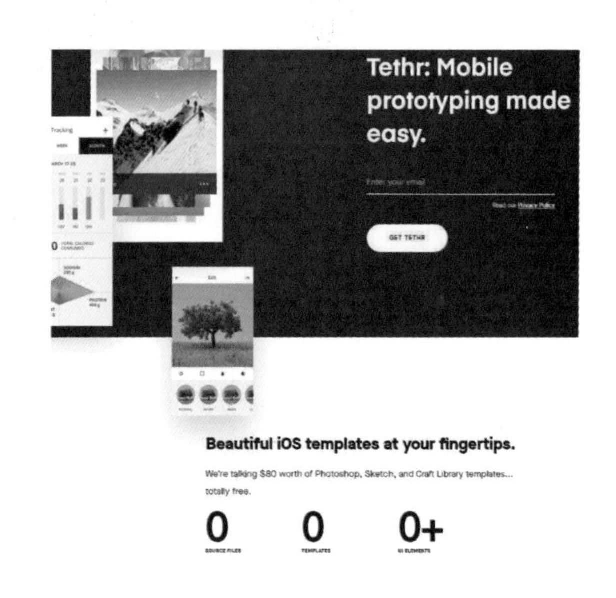


◎ 图 8.3-4　InVision 的 UI 工具包

2016 年，InVision 收购了 Muzli（见图 8.3-5）。后者是一个帮助客户聚合所有与设计相关的出色文章和网站至客户主页的 Chrome 插件。Muzli 汇集了大量设计资源和网站，使客户不用离开浏览器初始界面就可以快速浏览这些内容。其中几乎囊括了所有顶尖的设计网站，如 Dribbble、Behance、Product Hunt、TED 等。Muzli 插件拥有超过 275000 名客户，其中大多数是专业设计师，并遍布全球。在 Muzli 的首页上，InVision 博客的链接被置顶，并且左上角 Logo 后面也标出了“InVision 出品”的文字信息，这使 InVision 最大限度地实现了自身品牌知名度的提高和品牌强化。

◎ 图 8.3-5　Muzli 网站首页

3）彻底性

InVision 与大型图片素材网站 Unsplash、iStockPhoto 和 Getty Images 进行商业合作，让它们成为 InVision 的 Craft 插件中的扩展功能的一部分。简而言之，与图片素材网站的合作在扩充了 Craft 的功能的同时，也扩大了 InVision 的整体曝光度。比如，iStockPhoto 单单是将自己网站与 Craft 插件相连，就为 InVision 增加了超过 150000 个反向链接。

UI 工具包、商业合作、插件、纪录片、博客、新闻邮件——依靠如此多具有影响力的渠道，InVision 在传播它的信息上真正做到了无处不在。

设计流程可以分为许多阶段，一般都是从构思或者设计规范制定开始的，最终完成高保真原型和客户测试表。起初，InVision 只是一个原型工具，特别是用于低保真原型的绘制。而对于高保真原型，人们会使用更高级的 Axure 来绘制界面，如使用 Sketch 和 Photoshop 来制作样机。但 Craft 插件的出现增添并扩展了 Sketch 和 Photoshop 中的协作功能模块（见图 8.3-6），使 InVision 开始向高级原型工具领域进军。随着 InVision Studio 不断发展，Sketch、Photoshop 这些原型工具正逐步被取代。而通过与 Slack、Trello、Jira 等的合并，InVision 也开始涉足设计过程的早期阶段——头脑风暴、用户测试、故事板。

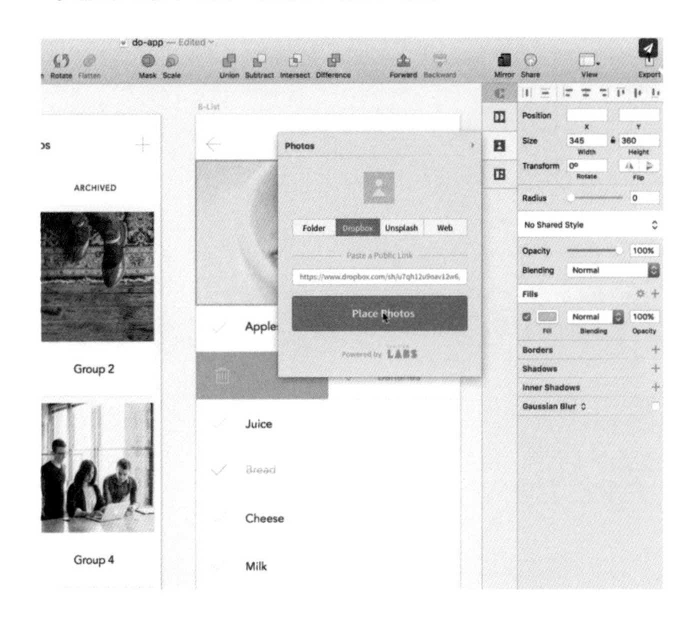


◎ 图 8.3-6　InVision 的 Craft 插件

InVision 的目标是想开发一个可以涵盖设计过程所有阶段的工具或者插件。此外，InVision 还创建了一个价值 500 万美元的“设计未来基金”（Design Forward Fund），用来鼓励初创公司为InVision 产品开发新插件或者进行整合，从而进一步扩展 InVision 工具的性能。

综上所述，包容性、广泛性和彻底性其实是相互关联的。具有包容性的商业合作关系不仅能吸引更多的新客户，还能帮助 InVision 一开始就与服务面向设计流程的企业产生更多的联系。而具有广泛性的推广渠道不仅提高了它的品牌知名度，也鼓励已有客户在其同事和客户之间的进一步传播。

# 第 9 章

# 设计热点

如图 9.0-1 所示为现代设计的 6 个热点。以下分别展开介绍。

1 体验设计
2 情感化设计
3 可穿戴设计
4 体感交互设计
5 绿色设计
6 4D打印设计

◎ 图 9.0-1 6 个设计热点

## 9.1 体验设计

用户体验（User Experience，UE）是一种纯主观的在用户使用一种产品（服务）的过程中建立起来的心理感受。因为它是纯主观的，就带有一定的不确定因素。个体差异也决定了每个用户的真实体验是无法通过其他途径来完全模拟或再现的。但是对于一个界定明确的用户群体来讲，其用户体验的共性是能够经由良好设计的实验来认识到的。

用户体验主要是来自用户和人机界面的交互过程。在早期的软件设计过程中，人机界面被看作仅仅是一层包裹于功能核心之外的“包

用户体验的概念从开发的最早期就进入整个流程，并贯穿始终。目的是保证：

1. 对用户体验有正确的预估；认识用户的真实期望和目的；
2. 在还能够以低廉成本修改功能核心的时候对设计进行修正；
3. 保证功能核心同人机界面之间的协调工作，减少漏洞。

装”而没有得到足够的重视。其结果就是人机界面的开发独立于功能核心的开发，而且往往是在整个开发过程的尾声部分才开始的。这种方式极大地限制了对人机交互的设计，其结果带有很大的风险性。因为在最后阶段再修改功能核心的设计代价巨大，牺牲人机交互界面便是唯一的出路。这种带有猜测性和赌博性的开发几乎难以获得令人满意的用户体验。至于客户服务，从广义上说也是用户体验的一部分，因为它是同产品自身的设计分不开的。客户服务更多的是对人员素质的要求，而难以改变已经完成并投入市场的产品了。但是一个好的设计可以减少用户对客户服务的需要，从而减少企业在客户服务方面的投入，也可降低由于客户服务质量引起用户流失的概率。

现在流行的设计过程注重以用户为中心。用户体验的概念从开发的最早期就进入整个流程，并贯穿始终。其目的就是保证：对用户体验有正确的预估；认识用户的真实期望和目的；在还能够以低廉成本修改功能核心的时候对设计进行修正；保证功能核心同人机界面之间的协调工作，减少漏洞。

在具体的实施上，它包括早期的 Focus Group（焦点小组）、Contextual Interview 和开发过程中的多次 Usability Study（可用性实验），以及后期的 User Test（用户测试）。在设计—测试—修改这个反复循环的开发流程中，可用性实验为何时出离该循环提供了可量化的指标。

对于用户体验设计这个课题，各国的设计界都在努力跟随时代的脚步进行着创新探索。2015 年的“国际体验设计大会”的主题为“重新定义用户体验（Redefine the User EXperience）”。大会关注的焦点就是反思用户体验，构建用户体验生态圈，学习掌握设计方法在不同行业的应用和创新。通过大会，旨在让新从业者们了解整个用户体验的范畴和理想，让资深的从业者们反思自己的工作，延伸扩散对用户体验的理解，学习掌握创新设计思维与商业模式，为今后的工作做一些调整，以对社会有更正面的帮助。针对新技术和新消费的升级，已影响着人们工作和生活的方式，丰富了物质与文明，催生了越来越精细化的需求与新的商业文明。2019 年的大会主题为“体验赋能商业”。在转型升级的历史拐点，如何重新定义体验设计以满足消费者需求、如何抓住消费者痛点颠覆传统营销模式、如何紧跟技术革命寻找体验设计产业赋能商业的下一个爆发点，正成为当下每一个从业者共同探求的问题。大会集结了行业领军者与国际权威专家，从消费、产品、服务、品牌四大维度思辨产业创变路径，设立体验设计创新展览展示区，共同分享创新先行者的思想盛宴。

### 案例：全球首款同轴圈铁 TWS 耳机 Liberty 2 Pro

Liberty 2 Pro（见图 9.1-1）作为全球首款采用 Astria 同轴声学架构(ACAA)的真无线耳机，在 2019 年 9 月的纽约发布会一经亮相就引起耳机发烧友们的关注。该耳机采用深度定制的平衡驱动器，通过结构创新将之与 11mm 动圈发声单元的轴心对准，并与听众的耳道对齐。这项创新设计不仅能提供清晰的高音、饱满而丰富的低音以及微妙的平衡中音，而且还为所有频率提供了真正的音频对准。它配置 4 个降噪麦克风以提供更好的通话体验，并支持个性化音质定制。

◎ 图 9.1-1 全球首款同轴圈铁 TWS 耳机 Liberty 2 Pro

情感是人们心理生活的重要内容，是生活的一种状态，是理解和体验世界的一种方式，是一个判断好和坏、安全和危险的系统。它能进行价值判断，以使人们更好地生存。

该耳机得到了多位获格莱美奖音频工程师的认可。

这款产品同时也获得了2019年国际CMF设计奖，无论是外观和功能，还是色彩、材料、工艺、纹理等细节都通过了专业的考验。

## 9.2 情感化设计

人有七情六欲，也有喜怒哀乐。人们对现实生活中的种种事物或现象，有的感到喜悦、有的感到悲哀、有的感到愤怒、有的感到恐惧，这喜悦、悲哀、愤怒、恐惧就是人们对事物或现象产生的不同的情绪和情感。

情感是人们心理生活的重要内容，是生活的一种状态，是理解和体验世界的一种方式，是一个判断好和坏、安全和危险的系统。它能进行价值判断，以使人们更好地生存。情感对日常决策是十分重要的，没有情感的人常常不能在两个事物之间进行选择。情感与人们的行为密切相关，它决定人们的身体状态，以便对特定的情境做出反应，情感系统能控制身体的肌肉，并通过化学神经递质改变大脑的运行方式，肌肉活动使我们做好反应的准备，我们的身体姿势和面部表情为其他人提供了我们情绪状况的外在线索。情绪包含正面和负面两种，二者同样重要。正面情绪对学习、好奇心和创造性思维很重要，快乐可以拓展思路，有利于开发创造性思维。我们经常会感到，在心情良好的状态下工作会思路开阔，思维敏捷，解决问题迅速；而心境低沉或郁闷时，则思路阻塞、操作迟缓，无创造性可言。

设计的过程，其实就是设计师的内在精神状态和情感体验通过设计艺术形式或符号传达出来的过程。而只有在设计创作中融入情感，设计作品才会更加具有生命力和感染力，才能与接受者达到心灵的交融。

情感在设计的创作过程和接受过程中，都起着至关重要的作用。设计的创作过程是从设计师对现实世界的观察感受和体验，到内心酝酿和构想，再制作和体现在设计作品上的一个由内到外的过程。心理学认为，表现是指内心的情绪状态通过行为或其他事物表示呈现出来，如喜怒哀乐都会有不同的表情和动作。设计的过程，其实就是设计师的内在精神状态和情感体验通过设计艺术形式或符号传达出来的过程。而只有在设计创作中融入情感，设计作品才会更加具有生命力和感染力，才能与接受者达到心灵的交融。在设计过程中，设计师应尽量培养正面情绪，这直接关系到设计的创造性，设计者处于轻松愉快的心境更容易引发头脑风暴。

情感和审美因素在设计作品的接受过程中同样重要。心理学研究表明，美在产品设计中有着积极的作用，可以直接给人带来正面情绪。美观的物品使人感觉良好，并能使人们更具有积极性和创造性的思考，从而在产品使用过程中有舒适、愉快甚至激情的感受。具有正面情绪的人倾向于寻找产品的使用方法，这往往会得到满意的结果，而紧张焦虑的人会抱怨遇到的困难。建筑环境心理学研究也发现，建筑环境对人的影响巨大，即所谓“情随景迁”。如哥特式教堂的室内空间，其形状、尺度、光线、色彩等，给人的感受是伟大、崇高和个体的渺小（见图 9.2-1）。

◎ 图 9.2-1 哥特式教堂

“情感化设计（Emotional Design）”一词由唐纳德·诺曼在其著作当中提出（见图9.2–2）。而在《情感化设计》一书中，作者Aarron Walter将情感化设计与马斯洛的人类需求层次理论联系了起来。正如人类的生理、安全、爱与归属、自尊和自我实现这五个层次的需求，产品特质也可以被划分为功能性、可依赖性、可用性和愉悦性这四个从低到高的层面，而情感化设计则处于其中最上层的“愉悦性”层面当中。一个有效的情感化设计策略通常包括两个方面：创造出了独特并且优秀的风格理念，令客户产生了积极响应；持续地使用该理念打造出一整套具有人格层面的设计方案。

◎ 图9.2–2 什么是情感化设计

《情感化设计》一书从知觉心理学的角度揭示了人的本性的三个特征层次：“本能的、行为的、反思的”，提出了情感和情绪对于日常生活做决策的重要性。三种水平的设计与产品特点的对应关系如图9.2–3所示。

本能的设计关注的是视觉，视觉带给人第一层面的直观感受，相当于视觉设计师完成的工作；行为的设计关注的是操作，通过操作流程体验带给用户感受，相当于交互设计师完成的工作；反思的设计关注的是情感，相当于用户体验的提升。在设计当中，美和情感紧密联系在一起，情感在设计之美中越来越重要，设计界也越来越推崇“情感化”设计。人们所依恋的不是物品本身，而是与物品的关系以及物品所代表的意义和情感，是物品的“精神能量”“设计形态追随情感”“叛逆和自由”“理想和渴望”“欢乐”“渴望真实”“拥有之外的意义”，这些表达了情感上追求的字眼，代表了当今设计界注重情感的潮流。可以预见，“情感型”的产品将成为未来产品设计的主导，而情感型的品牌也将成为未来市场的领导者。因此，情感因素会直接影响设计产品的消费和企业品牌形象的树立。

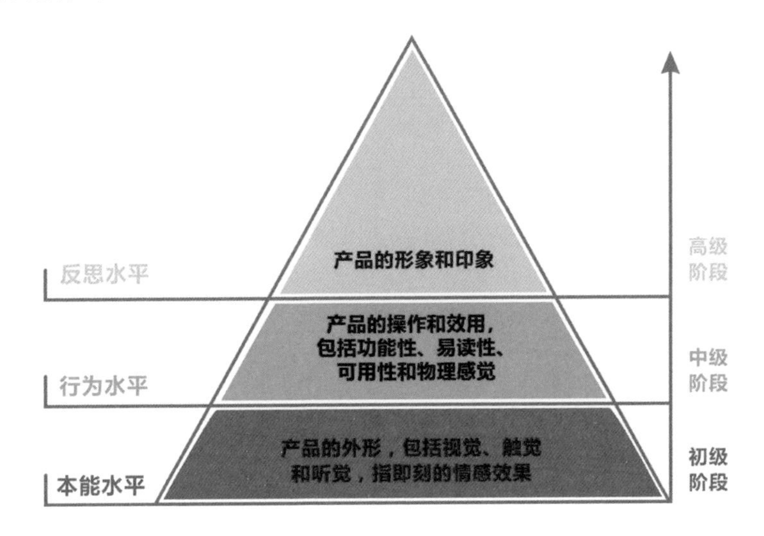


◎ 图 9.2-3 人的本性的三个特征层次设计与产品特点的对应关系

情感是感性化的东西，如何设计？通过刚才的“认知理论”和例子我们知道，虽然我们不能直接设计用户情感，但是可以通过设计用户行为（特定场景下的行为）来达到设计用户情感的最终目的。当我们做产品设计的时候，相信大家都希望让特定的用户群或者更多的人接受、使用并喜爱我们的设计。那么就需要满足人本能的、行为的、反思的三个层面的心理需求。情感化设计体现在功能设计、界面设计、交互设计、运营设计等各个环节。

情感化设计大致由如图 9.2-4 所示的这些关键性的要素所组成，我们可以从这些关键点出发，在产品中融入更多的正面情感元素。诚然，用户最终会产生的反应还将取决于他们各自的生活背景、知识技能等方面的因素，但是我们所抽象出的这些组成要素是具有普遍适用性的。

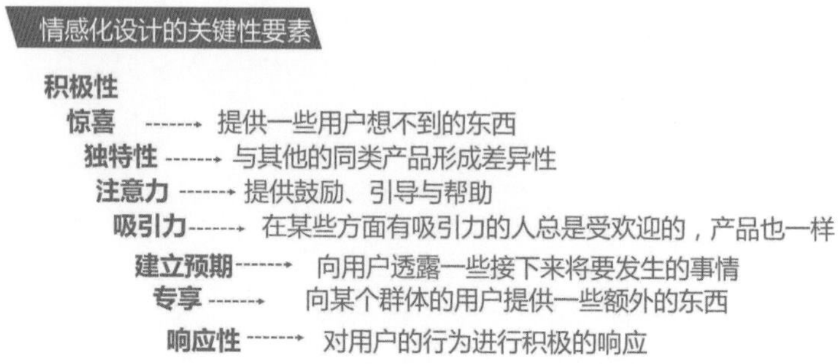

情感化设计的关键性要素
积极性
惊喜
提供一些用户想不到的东西
独特性
与其他的同类产品形成差异性
注意力
提供鼓励、引导与帮助
吸引力
在某些方面有吸引力的人总是受欢迎的，产品也一样
建立预期
向用户透露一些接下来将要发生的事情
专享
向某个群体的用户提供一些额外的东西
响应性
对用户的行为进行积极的响应

◎ 图 9.2-4 情感化设计的关键性要素

基于满足人本能的、行为的、反思的三个层面的心理需求，可以从图 9.2-5 所示的三个入口进行情感化设计。

1
产品形态的情感化
2
产品操作的情感化
3
产品特质的情感化

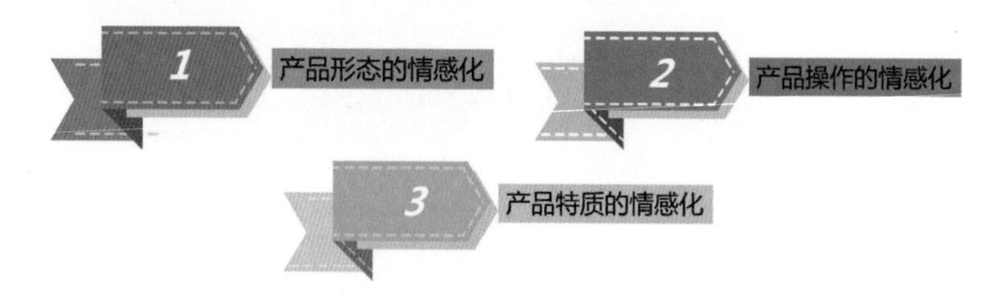

◎ 图 9.2-5 产品情感化设计的三个入口

1. 产品形态的情感化

形态一般是指形象、形式和形状，可以理解为产品外观的表情因素。在这里更倾向于理解为产品的内在特质和视觉感官的结合。随着科技的发展，产品的功能不仅只是指使用功能，还包含了审美功能、文化功能等。设计师利用产品的特有形态来表达产品的不同美学特征及价值取向，让使用者从内心情感上与产品产生共鸣，让形态打动消

费者的情感需求。漂亮的外形、精美的界面可提升产品的外在魅力，并最快传递视觉方面的各种信息。视觉的传达要符合产品的特性、功能与使用环境、使用心理等。

### 2. 产品操作的情感化

巧妙的使用方式会给人留下深刻的印象，在情感上会越发喜欢这种构思巧妙的产品。这种巧妙的使用方式会给人们的生活带来愉悦感，排解了人们来自不同方面的压力，从而得到用户的青睐。

### 3. 产品特质的情感化

真正的设计是要打动人的，它要能传递感情、勾起回忆、给人惊喜。产品是生活的情感与记忆。只有在产品 / 服务和用户之间建立起情感的纽带，通过互动影响了自我形象、满意度、记忆等，才能形成对品牌的认知，培养对品牌的忠诚度。品牌成了情感的代表或者载体。

### 案例：广汽 iSPACE 概念车

广汽研究院将情感化定义为汽车的重要特质之一，也是第一个将情感化战略放在核心战略位置的自主汽车品牌。

洞察用户的潜在需求是正向开发的根本出发点。智能网联时代，用户对汽车的需求从功能性上升为情感满足性。情感化战略的提出，正是基于从满足用户需求出发，为用户创造价值，满足用户情感的需求。

广汽 iSPACE 概念车就是基于情感化设计的创新产品（见图 9.2-6）。比如，驾驶人上车前，iSPACE 的迎宾模式用欢迎灯光和表情主动发出友好问候；驾驶模式下，车载 AI 系统可以根据驾驶人的状态（兴奋或疲劳）变换不同的“表情”，播放不同旋律的音乐及

具备“第六感”的可穿戴设备随着第三次科技浪潮席卷而来，目的是探索人和科技全新的交互方式，为每个人提供专属的、个性化的服务。

利用不同的语境告知驾驶人当前的车况和路况信息。

◎ 图 9.2-6 广汽 iSPACE 概念车

## 9.3 可穿戴设计

智能穿戴是指应用穿戴式技术对日常穿戴进行智能化设计，开发出可以穿戴的设备，如智能化的眼镜、手套、手表、服饰和鞋等。智能穿戴的目的是探索人和科技全新的交互方式，为每个人提供专属的、个性化的服务。

在人类历史发展过程中，有很多影响深远的科技发明，其中直接深刻影响人类行为的数字化革命有两次，第一次是移动电话，第二次是移动互联网。现如今，具备“第六感”的可穿戴设备随着第三次科技浪潮席卷而来。

电话无疑是 19 世纪最伟大的发明之一，它突破了距离的限制，还原了千里之外的声源，第一次扩展和延伸了人们的听觉；移动电话更近一步，它突破了空间的限制和线材的束缚，给予了人们一个数字化的符号，这个符号具有唯一性，也具有实时性，通过背后复杂昂贵的网络系统，让语音交流与生活同步而行。同时，随着显示屏的植入、SMS 等增值业务的发展，不仅可以实现语音实时传输，还可以实现信息的输入、存储及输出，信息交流方式有了多样化的发展空间。

iPhone 的横空出世，不仅进一步丰富了信息交流方式，更将易用性提升到一个较高的水平，并形成了行业的标杆。iPhone 的海量应用，以及聚合信息的完善，大大降低了信息处理成本，扩展了大脑的认知和判断能力。手机已成为人们日不离身的信息交流处理终端。

未来，随着技术的成熟和性能的提升，以及产品成本下降与普及，智能穿戴设备将逐渐取代手机的很多功能，并最终大规模取代智能手机产品。未来必将是智能穿戴设备的天下，因为，这符合以下两个趋势。

一是智能产品使用方式将从模仿回归自然与本能。传统功能手机的信息输入是实体键盘按键式输入，这并不是人类自然的使用方式。而 iPhone 将实体键盘取消，采用更加自然、模仿人类原始行为的触摸式输入。对页面的翻页方式，iPhone 也模仿人类的自然翻书方式。但说到底这些方式和功能都是对人类原始行为的“模仿”，而不是原始行为“本身”。苹果语音交流工具 Siri，则在这方面前进了一大步。现在手机上的传感器越来越多，包括对眼神、温度、光线等的感知能力越来越强。这些都是在回归人类交流和情感的本源。而可穿戴设备则是这种趋势的更高阶段，即通过智能眼镜、手表、服饰等随身物品，你可以直接通过语音、眼神、手势、行走等最自然的方式与他人进行沟通、上网等，更加自然和舒适。

二是智能服务从外部到随时、随身。智能手机即使功能再强大，也只是我们的“身外之物”。随着手机屏幕越来越大及拥有多部手机，我们越来越觉得这些“铁疙瘩”给我们带来很多的不便。而智能穿戴设备则完全不存在这种烦恼，不再需要专门的所谓“通信终端”、“上网终端”和“娱乐终端”，你只需通过眼镜、手表、服饰这些原本的随身之物，随时随地使用智能服务，提高生活、商务品质和效率。未来我们将 24 小时都在网上，不存在上网与离网的概念，智能穿戴设备正是迎合了这样一个趋势。

智能穿戴设备是意义深远的一类科技设备，它将引领下一场可穿戴革命，我们正迈向一个技术与人们互动的新世界（如行情、资金、股吧、问诊）。谷歌、苹果、三星、微软、索尼、奥林巴斯等科技公司争相加入可穿戴设备行业，在这个全新的领域进行深入探索。

随着移动互联网的发展、技术进步和高性能低功耗处理芯片的推出等，智能穿戴设备种类逐渐丰富，穿戴式智能设备已经从概念走向商用化，新式可穿戴设备不断传出，智能穿戴的时代已经到来了。谷歌公司于 2012 年研制的一款智能电子设备——Google Glass（见图 9.3-1），具有网上冲浪、电话通信和读取文件的功能，可以代替智能手机和笔记本电脑的作用。随着 Google Glass 等概念产品的推出，众多国内外厂商对可穿戴智能设备领域表现出极高的参与热情，智能穿戴技术已经渗透到健身、医疗、娱乐、安全、财务等众多领域。

◎ 图 9.3-1 Google Glass

国际数据公司（IDC）于 2020 年 3 月发布的 2019 第四季度和 2019 年全球可穿戴市场统计报告显示，2019 年可穿戴式设备的出货量达到 3.365 亿台，较 2018 年的 1.78 亿台大增 89.0%，而仅 2019 年第四季度，全球可穿戴式设备市场就增长了 82.3%，达到 1.189 亿台的新高。从品牌排名来说，苹果凭借该公司更新的 AirPods、AirPods Pro 和 Apple Watch 以及多个价位的 Beats 产品，在 2019 年第四季度以 4340 万台的出货量领先市场；小米排名第二，出货量为 1280 万台，其中 73.3%（940 万台）为智能手环，不过相较 2018 年第四季度，智能手环在小米整体可穿戴产品组合中所占的比例有所下降；三星凭借强大的产品组合以及旗下的多个品牌位居第三名，表现出色的产品包含 Galaxy Active 和 Active 2 智能手表（见图 9.3-2），将受众从多功能设备用户扩展到健康和健身爱好者；华为的可穿戴设备出货量成长了 63.4%，其中智能手环占比最大，成长最快的则是华为的 Watch GT2 和儿童手表（见图 9.3-3）。

◎ 图 9.3-2 Galaxy Active 2 智能手表

◎ 图 9.3-3 华为儿童手表

智能穿戴产品中，各大品牌均不断向智能手表领域深入，最显著的特征是无论是苹果、三星还是华为、小米等，智能手表已经成为研发的标配。尤其是随着 AI、IoT、5G 时代的来临，90 后、00 后成了消费的主力军。在年轻人全新的生活方式和消费背景下，智能手表的发展迎来了全新的局面。根据相关权威调查数据显示，超过 70% 的潜在用户在选购智能手表时会考虑产品健康监测功能的完善程度，在所有功能中关注度排名第一，也反映出人们对智能手表健康监测功能的重视程度。2020 年新冠肺炎疫情期间，加深了消费者对于健康的意识，而将健康监测与运动管理作为主要卖点的智能手表也获得了消费者更多的关注。智能手表因为紧贴人体皮肤且佩戴时间较长，成了持续采集人体健康数据的最佳设备。智能手表内置的各种传感器，可以实现在佩戴手表时，协助消费者对心率、睡眠、血氧等人体相关的健康功能及其自身的状况进行监测和及时的救治。更重要的是，智能手表的信息采集可以和手机 App 进行无缝对接。如果将智能手表和手机 App 结合在一起，可以打破时间和空间的限制，随时了解自己或家人的健康程度，以防患于未然。

可穿戴设计作为前沿科技和朝阳产业，是未来移动智能产品发展的主流，将极大地改变现代人的生活方式。在未来，可穿戴产品形态将出现以下趋势：可穿戴的特性更加显著，产品更轻便；产品形态将满足多元化需求，更加个性化，时尚感和功能性将紧密结合。物联网时代，智能可穿戴设备的交互式体验越来越广，产品将实现人机无缝连接，在体感交互、语音交互、眼球追踪交互、触觉交互等方面取得创新突破。此外，可穿戴设备还将实现微型化和集成化，并将向柔性化程度发展，产品更加隐形、安全。

### 案例：华为 WATCH GT2

著名设计师 Dieter Rams 曾说过，一流的设计理念是“少，却更好”，提倡设计实用、细致、坚固的产品，并强调可持续性，只有这样的产品才能成为“经典”。

#### 1. 外观设计

在表盘设计上，华为 WATCH GT2 承袭了上一代“全屏无边界”的设计思路，匠心独运采用宝石加工工艺来打造表盘上面这块一体化的 3D 曲面玻璃。平视其屏幕，能看到柔美的边缘弧线，而双手抚摸屏幕时，又能感受到玉石般的晶莹触感（见图 9.3–4）。同时，为了营造出大气刚毅的运动气息，华为 WATCH GT2 直径为 46mm 表盘的斜面还采用了凹雕时刻字符工艺，纤巧考究，呈现出错落有致的立体感，再将一块正圆形的大尺寸 AMOLED 屏幕嵌入其中。当华为 WATCH GT2 抬腕亮屏的那一刻，你会体会到“静如处子、动如脱兔”的设计之美，可谓是“动静皆宜”。

◎ 图 9.3–4 华为 WATCH GT2

在表带的颜色、材质和设计上，华为 WATCH GT2 时尚版严选了上乘的真皮材质制成表带，摸上去手感顺滑，看上去尽显质感。而华为 WATCH GT2 运动款延续了氟橡胶的表带材质，同样是经典的黑 / 橙双色设计，不仅在视觉上充满活力，而且表带更亲肤、耐磨、抗划、防水，实现了美感和实用性的共存。

### 2. 运动模式

设计精良的智能运动教练功能，安排合理的跑步课程，可实时看到心率区间、训练效果，时刻了解自己的运动状态，甚至仅仅通过手表就能播放音乐，让佩戴者度过一个轻松愉快的锻炼时段。每项运动都可根据个人的健身水平进行个性化设置，跟踪进度，并在训练时提供反馈。运动结束后还有贴心的数据分析以及拉伸放松提醒，避免因为运动过量或不当导致受伤。另外还有专业的运动模式可以选择，如登山模式。手表拥有高度、海拔、气压、爬升、3D 距离、指南针、血氧饱和度等专业数据，带来新奇的体验感，仿佛感觉到自己拥有一个专业且贴心尽职的服务团队。

### 3. 健康监测

（1）单次血氧饱和度监测。面对日常工作和生活中会有疲劳嗜睡、无精打采、头晕、心跳加快等症状，通过血氧饱和度单次监测，就能及时发现这些隐患的存在并进行科学调理，如及时到户外走动或增加室内通风，让自己处于一个更加健康的状态。

（2）心脏早搏筛查。华为 WATCH GT2 通过加入某医院的心脏健康研究计划的方式来确保专业度，利用内置高精度 PPG 传感器，结合 AI 算法，进行全天候监测，并有 70 多家协作医院给用户提供心律失常确诊、治疗、跟踪随访服务。日常生活中在非活动状态下，心率高于 100 bpm 或低于 50 bpm，且持续 10 分钟以上，用户就会收到通知（心率值高低、提醒开关均可设置），这对于心动过缓、心衰用户十分有帮助。

（3）睡眠监测。全新的华为 TruSleeP™2.0 睡眠监测技术，可以让用户对于自己的睡眠有一个全新的认识。结合华为 AI 技术，甚至可以准确识别出各项睡眠问题，并提供上百条睡眠改善建议及个性化睡眠服务，如冥想静心、深度睡眠引导练习、快速放松引导练习、深夜安睡等。

（4）移动支付。华为 WATCH GT2 支持移动扫码支付功能和 NFC 公交支付功能，不管是外出乘坐公共交通还是购买物品，都可以直接通过手表快捷完成操作，再也不必经历临时找手机的手忙脚乱的状况。甚至在你找不到手机的时候，还能通过华为 WATCH GT2 的“找手机”功能，让其发出提示音来帮助你发现手机位置。

体感技术，又称动作感应控制技术、体感交互技术，它是一种直接利用躯体动作、声音、眼球转动等方式与周边的装置或环境互动，由机器对用户的动作进行识别、解析，并做出反馈的人机交互技术。

在体感交互过程中，强调创造性地运用肢体动作、手势、语音等现实生活中已有的方式和计算机交互，用户能根据情境和需求自然地做出相应的动作，而无须思考过多的操作细节。换言之，自然的体感交互削弱了人们对鼠标和键盘的依赖，降低了操控的复杂程度，使用户更专注于动作所表达的语义及交互的内容。体感交互更亲密、更简单、更通情达理，也更具有美学意义。

## 9.4 体感交互设计

还记得在各路好莱坞大片中，导演利用 CG 特效给我们描绘的美好未来生活吗？无论是《钢铁侠》中惊艳眼球的全息控制，还是《碟中谍》中的 3D 全景展示，都让我们惊呼不已。如果你还认为这只是存在于科幻电影中的想象，那你的想法可就太过时了。目前，这类技术已经真真切切地走到我们身边了。

体感技术，又称动作感应控制技术、体感交互技术，它是一种直接利用躯体动作、声音、眼球转动等方式与周边的装置或环境互动，由机器对用户的动作进行识别、解析，并做出反馈的人机交互技术。

唐纳德·诺曼（Donald Arthur Norman）认为：“如果我们将产品实体设计返回控制真正的旋钮、滑块、按钮，并加以简单具体的人与产品的交互动作，用户将会得到更好的服务。” 在体感交互过程中，强调创造性地运用肢体动作、手势、语音等现实生活中已有的方式和计算机交互，用户能根据情境和需求自然地做出相应的动作，而无须思考过多的操作细节。换言之，自然的体感交互削弱了人们对鼠标和键盘的依赖，降低了操控的复杂程度，使用户更专注于动作所表达的语义及交互的内容。体感交互更亲密、更简单、更通情达理，也更具有美学意义。

体感交互广泛地存在于我们身边，这种自然的人机交互体验不仅使很多日常操作变得更加便捷，而且还能够在无须触碰的情况下处理诸如 3D 建模、搭配衣物、训练运动员、手术过程中放大查看医学图像等任务。体感技术也开始在教育中催生出新的应用，并正在改变和扩展学习的交互方式——以后的学生们在课堂上，说不定只要坐在座位上用手比画几下，黑板上就出现了刚才老师提问的某道题的答案，仿佛拥有了隔空书写的能力，非常刺激。

如图 9.4-1 所示，德国大众公司率先在其旗下的 Golf R Touch Concept 车型上引入手势识别功能，将汽车仪表盘用两块显示屏代替，并支持手势识别技术。手势识别系统通过安装在车顶上的 3D 摄像头来进行手势的识别。驾驶人只要触摸一下车顶，天窗的控制显示就会出现在中央显示屏上，驾驶人从前往后滑动屏幕，则可以开启天窗，反之则关闭天窗。另外，车内座椅也能采用手势控制，只要轻轻挥手，中控台的显示屏就会显示调整座椅的相关控制图标，前排乘客就能轻而易举地触摸屏幕调节座椅角度。

◎ 图 9.4-1 手势识别技术应用于汽车

再如图 9.4-2 所示的西安电子科技大学团队设计的 3D 脸谱虚拟平台。此创意将京剧这门传统艺术和新颖的微软 Kinect 技术结合到了一起，通过 Kinect 搭建了一个可以让京剧迷享受虚拟演唱体验的平台：一个提供脸谱、服装和场景的华丽舞台。凭借着 Kinect 的人体识别和传感技术，用户可以直接跳过繁复的化妆过程，用手势来选择自己喜爱的角色脸谱，生、旦、净、末、丑，一应俱全，选择完毕后，就可以对着屏幕表演喜爱的曲目并录像了。当与其他戏迷朋友分享视频时，他们可以欣赏到惟妙惟肖的场景和表演。这样的方式不仅能使老京剧迷们的交流更加便捷，还能让年轻人通过更炫的途径去了解这一生动的国粹。

◎ 图 9.4-2 3D 脸谱虚拟平台

再如图 9.4-3 所示为伦敦圣托马斯医院利用 Kinect 协助医生做外科手术。因为手术间要求有严格的无菌环境，手术间的人数和设备都有严格的限制。利用 Kinect 的摄像头捕捉医生的手势动作，加上必要的语音识别程序，医生可以很方便地查看他需要的影像或其他化验信息，甚至可以在手术的同时请求其他医生协同会诊。这项新技术大大降低了手术所需的时间和风险。

◎ 图 9.4-3 伦敦圣托马斯医院利用 Kinect 协助医生做外科手术

虽然目前体感技术本身还不够成熟，体感游戏也刚刚开始在各个领域内有创新地应用。但游戏并不是体感技术的边界，作为一种全新的交互方式，它正逐渐渗透到人们生活和工作的各个领域，包括教育、医疗乃至军事。它唤醒了人机交互领域中更大胆的创新精神，指明了未来人机交互的发展方向。相信不久的将来，体感技术会更多地参与到学习过程中，并且催生出越来越多的教育创新。

案例：爱尔兰屡获殊荣的智能手套

这款智能数据采集手套是同类产品中唯一能够提供低延迟数据吞吐量所需的传感硬件和软件级别的手套（见图 9.4-4）。通过软件编程，它可进行虚拟场景中物体的抓取、移动、旋转等动作，也可以利用它的多模式性，用作一种控制场景漫游的工具。它根据人体工程学的驱动程序设计，坚固耐用、成本低、使用方便、耐磨、耐用。目前，这款手套的原型产品已被外科医生用于虚拟环境中的医学培训，并且它是智能工厂技术、社交媒体及游戏迷们消费能力的强大推动者。

“智能手套”也可以用于远程学习，还可以帮助教育工作者在虚拟环境中进行工作，让学生从他们领域的专家那里学习知识。这种技术也可以用于运动指导等环境。

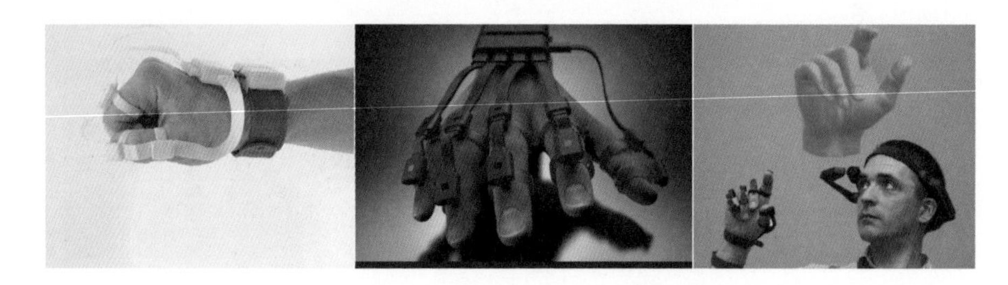

◎ 图 9.4-4 爱尔兰屡获殊荣的智能手套

## 9.5 绿色设计

绿色设计（Green Design）也称生态设计（EcologicalDesign）、环境设计（Design for Environment）等。虽然叫法不同，其内涵却是一致的，其基本思想是：在设计阶段就将环境因素和预防污染

绿色设计的基本思想是：在设计阶段就将环境因素和预防污染的措施纳入产品设计之中，将环境性能作为产品的设计目标和出发点，力求使产品对环境的影响最小。

绿色设计的核心是“3R”：替代（Replacement）、减少（Reduction）和优化（Refinement），不仅要减少物质和能源的消耗，减少有害物质的排放，而且要使产品及零部件能够方便地分类回收并再生循环或重新利用。

的措施纳入产品设计之中，将环境性能作为产品的设计目标和出发点，力求使产品对环境的影响最小。对工业设计而言，绿色设计的核心是“3R”：替代（Replacement）、减少（Reduction）和优化（Refinement），不仅要减少物质和能源的消耗，减少有害物质的排放，而且要使产品及零部件能够方便地分类回收并再生循环或重新利用。未来的绿色设计，其内涵将更为丰富。

基于生态学的意义，人类也是生态循环系统的一个组成部分。人虽然可以在一定范围内按照自己的需要改变环境，但倘若人类的活动打破了生态系统稳定性的极限值，生态平衡就会被破坏，甚至导致生态系统的崩溃，即便不是彻底的崩溃，一定量的破坏也会招致我们生存的环境不断恶化。人类设计的初衷是为我所用，从自然界攫取的自然资源被设计制造成人类所用的产品，人类被人为创造的人工自然引导进行生产、运输、储存和消费，忽视了对自然环境的影响，如若一意孤行，人类必自食其果。绿色设计考虑了部分的生态问题，但并没有从本质上解决问题。

利用生态学理论弥补传统绿色设计的局限，用生态学的基本原理来指导未来设计，才能真正达到绿色设计倡导的设计目的。

生态学与设计学都是多学科交叉的综合性边缘学科，二者由于学科研究上的重叠与交叉，使得“生态设计”的概念应时而生，也在生态学界和设计界获得共识。这也促使将生态学原理运用于设计，进而使弥补传统绿色设计的局限性成为可能，或者说未来的绿色设计就是生态设计，即利用生态学原理和思想在产品开发阶段综合考虑与产品相关的生态问题，设计出环境友好型且能满足人的需求的新产品。与传统的绿色设计相比，设计转向既考虑人的需求，又考虑生态系统安全，在产品开发阶段就引进生态变量和参数权重，并与传统的设计因素综合考量，将产品的生态环境特性看作是提高产品市场竞争力的一个主要因素。

### 案例：ecoBirdy 回收废品做成的玩具

塑料污染在全世界仍然是一个日益严重的问题。虽然越来越多的工作正在进行中，以减少全球塑料消耗量，如限塑令，但限制使用终究治标不治本。相比之下，如何提升人们的环保意识是更重要的议题。

以儿童玩具为例。不难发现，每个有孩子的家庭中，总有不少大件的塑料玩具，如滑行车、摇摇马。但是这些玩具也会让家长很头疼，毕竟体积大占空间，而且孩子们可能没多久就玩腻了。当我们去大型商场的玩具区时，看到的 90％的产品可能都是由不太美观的塑料制作而成的。

ecoBirdy 的设计师花了两年时间来探索可持续地利用回收塑料来制作玩具的方法。该品牌为孩子们设计了萌萌的作品，而且它们还是使用废弃玩具中 100％可回收的塑料来制作的（见图 9.5-1）。当然，它们也是 100％安全的，因为在回收过程中会有非常仔细的分类和清洁流程。目前该系列包括

◎ 图 9.5-1 ecoBirdy 回收废品做成的玩具

Charlie the Chair（查理椅）、Luisa the Table（路易莎桌子）、Kiwi the Storage Container（几维鸟收纳容器）和 Rhino the Lamp（犀牛灯）。

除了为孩子们创造可爱有趣的产品，ecoBirdy 还用寓教于乐的方式来提高人们对可持续发展的认识。除了产品设计之外，他们还设计了一个校园计划：通过讲述、参与和反馈三个步骤，让孩子和家长们都能有所收获（见图 9.5-2）。

◎ 图 9.5-2 ecoBirdy 设计了一个校园计划

首先，从巨大的一本故事书开始——这是 ecoBirdy 专门为儿童设计的——讲述一个有趣的故事，教导学生们如何对待一般塑料玩具，以及它们为什么会对地球有害，还有旧塑料玩具可以如何被赋予新的生命，以提高孩子们对塑料废物污染及其回收的意识。

其次，让孩子们参与其中，并确信每个人都有能力做出贡献。每次访问学校，ecoBirdy 都会带上一个大型的收集容器，向学生展示他们可以如何为更加可持续的未来做出贡献（见图 9.5-3），然后邀请孩子和父母从家里带来他们废旧的或者不想要的塑料玩具。

◎ 图 9.5-3 ecoBirdy 访问学校时都会带上一个大型的收集容器

4D 打印就是把产品设计通过 3D 打印机嵌入可以变形的智能材料中，在特定时间或激活条件下，无须人为干预，不需要连接任何复杂的机电设备，便可按照事先的设计进行自我组装。

最后，所有的孩子和父母都被请求在带来旧玩具时留下他们的联系方式。一旦这些旧玩具获得新的生命，他们将收到一封电子邮件。这样的反馈不仅使整个回收升级过程更加透明化，也有利于参与者牢记 ecoBirdy 想要传达的理念。

## 9.6 4D 打印设计

从 2D 到 3D 再到 4D，每一级都增加了一个 D，即打印出来的物体增加了一个维度（Dimension）。我们都接触过 2D 打印，比如在平面的纸上打印文档，3D 打印则是加上了一个立体的维度，可以打印立体的物体，而 4D 打印增加的维度，则是时间（见图 9.6-1）。

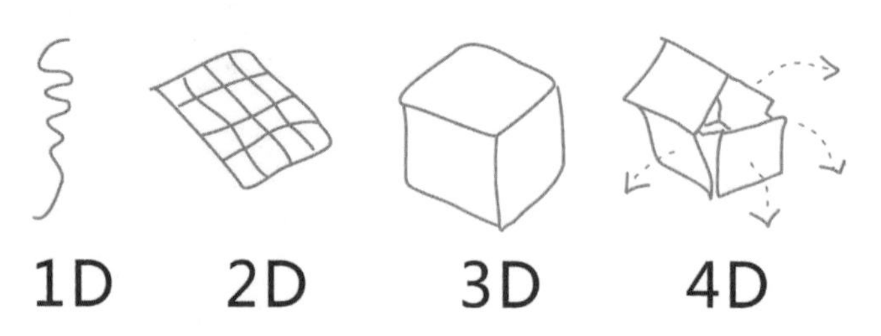


◎ 图 9.6-1 4D 打印增加的维度是时间

更专业地说，4D 打印就是把产品设计通过 3D 打印机嵌入可以变形的智能材料中，在特定时间或激活条件下，无须人为干预，不需要连接任何复杂的机电设备，便可按照事先的设计进行自我组装。通俗一点的说法，即 4D 打印能够打印出随时间变化而改变的物体。

例如，利用 4D 打印技术打印出来的椅子最开始可能就是一块方便运输的平板，但只要给予适当的条件并加以等待，这块平板就能够变身成我们所习惯的椅子；而利用4D打印技术打印出来的鞋子能够适应不同的脚型改变大小，而且能够根据不同的场景改变形状，如在下雨天自动变成雨鞋等。

例如，麻省理工学院自组实验室的Skylar Tibbits是公认的4D打印的发明者。在2015年的美国CES消费电子展上，Tibbits利用模型设计软件设定的时间和组合样式，让2279块3D打印机打印出来的三角模块，在水中慢慢组合变形成了一件镂空的连衣裙——4D裙（见图9.6-2）。该裙子解决了不合身的问题，会根据穿戴者的体型情况进行自动改变，随人体形态而变化，即使穿着者变胖或变瘦，4D裙也不会不合身。

◎ 图9.6-2 4D裙

再如，Adidas品牌革新之作Futurecraft 4D（见图9.6-3）。作为全球第一双采用光和氧气打造的鞋款，Futurecraft 4D在鞋型的定制方面延续了Ultra Boost的经典造型，鞋面采用舒适透气的Primeknit材料编织制作，在运动过程中可帮助疏散热气，鞋底部分由Carbon的Digital Light Synthesis技术制作。这种创新科技可以通过光定位，其中

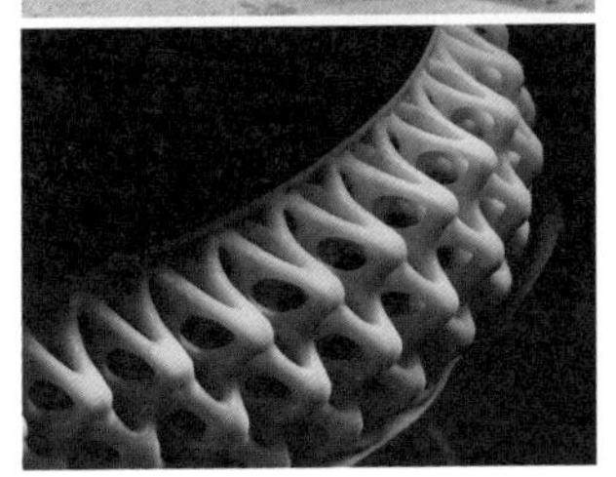

◎ 图9.6-3 Adidas Futurecraft 4D

的透氧片和液体树脂可以制作出非常符合人体工程学的足部缓振、稳定等专业的舒适鞋底，可以看到鞋底是网状镂空的造型，这也能够直观地看到甚至体验到此款技术的科技性，将 3D 打印技术运用到了运动用品中提高到了新的水平。

4D 打印技术也越来越多地应用在军事、生物、建筑等领域。

### 1. 4D 打印技术在军事领域中的应用及展望

（1）4D 打印技术在武器装备制造中的应用及展望。传统的武器装备制造流程为：制造→部署→使用→报废。而 4D 打印生产的武器装备制造流程为：半成品制造→部署→现场塑造→使用→回收→再部署。4D 打印生产的武器装备可根据环境和攻击目标来优化武器的攻击性能，从而提高作战效能。值得一提的是，4D 打印技术可使智能材料感知光的变化，自动实现与周围环境融为一体，从而改善伪装效果。美国陆军部已投入大量资金开发“自适应伪装作战服”。该作战服的研究和开发如果成功，则具有如图 9.6-4 所示的三个典型特色。

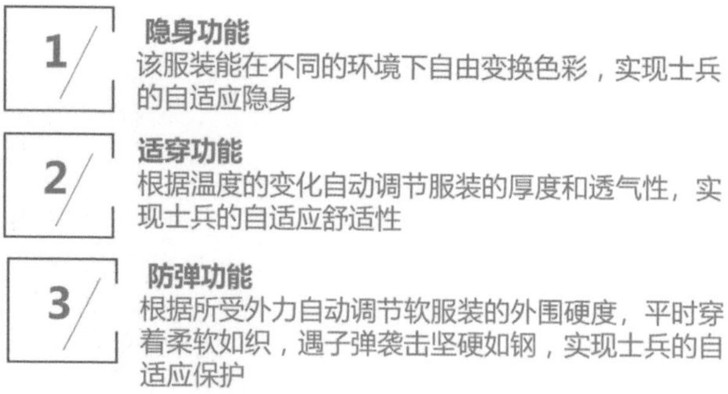

1
隐身功能
该服装能在不同的环境下自由变换色彩，实现士兵的自适应隐身

2
适穿功能
根据温度的变化自动调节服装的厚度和透气性，实现士兵的自适应舒适性

3
防弹功能
根据所受外力自动调节软服装的外围硬度，平时穿着柔软如织，遇子弹袭击坚硬如钢，实现士兵的自适应保护

◎ 图 9.6-4 自适应伪装作战服的三个典型特色

（2）4D 打印技术在大型军用装备构件制造中的应用及展望。大型军用构建制造的成本控制一直是个难题，然而利用 4D 打印技术可以大为改善。我们可以控制智能材料的关键部位或敏感部位，把大型

构件设计成折叠状，然后利用 3D 打印机得到半成品，通过特殊的参数刺激控制来实现大型军用构件的自动展开。例如，将 4D 打印技术应用于军用人造卫星，通过该技术的自动展开和组装功能快速成型帆板和天线等大型构件，将大大减少机械部件的数量和重量，降低发射军用卫星所需的成本。据有关报道，美国利用 3D 打印技术制造军工部件已获成功，但是仍需花费大量的人力资源才能把这些部件组装成完整的军事用品。利用 4D 打印技术制造出的部件则无须人工组装，它们会自动组装成为一个成品。试想战机的各个部件若用 4D 打印技术制造，则何惧敌人炮火攻击，损坏的部件会快速被生长出的新部件所取代，完好如初。试想将 4D 打印技术应用于防御工事外部罩壳的制造，受到炮火袭击后如有“裂痕”，则外部罩壳可以自行弥合裂痕，让防御工事坚固如初。

（3）4D 打印技术在微型军用机器人制造中的应用及展望。众所周知，微型机器人将在未来战场上执行大量的侦察和打击任务，它的优势在于“微”。但目前的微型机器人仍是由大量的齿轮、轴承等机械部件组成的，这些部件的存在限制了其体积、重量和能耗进一步“微型化”。4D 打印技术将为微小型机器人的制造、运动与变形提供新的技术路线，通过敏感材料的精确设计和控制有望取代齿轮等传统机械部件，实现微型军用机器人的进一步缩小和灵活运动，从而显著减少机器人的体积、重量和能耗需求。

（4）4D 打印技术在军事后勤保障中的应用及展望。4D 打印技术可将更多武器装备制造成折叠状态，方便远程机动。同时，采用 4D 打印出的半成品将有更强的可塑造能力和环境适应能力，也有望减少装备器材的种类和库存数量，提高后勤效率，发挥更强的作战效能。例如，利用 4D 打印技术开发的万能背包，平时与普通背包无异，但在海水中可立即变成救生艇，高空坠落时可变成降落伞，夜晚宿营时可变成舒适的帐篷。

## 2. 4D 打印技术在生物领域中的应用及展望

（1）4D 打印技术在生物领域中的正面影响。4D 打印技术制造出的智能结构，可以发生由一维结构或二维结构向三维结构的变化，或者由一种三维结构变成另一种三维结构。这种结构的随意变化也给 4D 打印技术的应用带来了无穷的畅想，而生物医疗领域最有可能成为该炫技的主秀场。将 4D 打印的产品应用于生物医学领域，尤其是普及至人体内应用，无疑是人类健康医疗发展的福音。伴随着纳米技术与数字化制造在四维空间研发的深入，4D 打印将可以进入非常微小的空间进行“工作”。

麻省理工学院数学家丹雷维夫曾表示，4D 打印有利于新型医疗植入物的发明。如心脏支架，如果采用 4D 打印技术制造，将不再需要给病人做开胸手术，可通过血液循环系统注射入携带设计方案的智能材料，其到达心脏指定部位后自我组装成支架。除此之外，多自由度操作臂是微创技术未来发展的研究难点。西安交通大学李涤尘教授表示，他们正在自主研发智能材料，并通过 4D 打印技术应用于多自由度操作臂的制造研究中。“未来手术操作臂可以通过食道、肠等人的自然腔道进入人体，并在体内任意更改方向。”李涤尘称，电极施加电压作用在智能材料上，就可以实现操作臂的多自由度弯曲和转向，从而成为一种刚柔并济的操作臂柔性控制方法。4D 打印在生物医疗领域，尤其是癌症治疗方面将会有进一步的应用与发展。牛津大学圣安东尼学院荣誉学者纳伊夫·鲁赞曾在美国《外交》双月刊网站发文称，借助 4D 打印的原理，研究人员还能够利用 DNA 链制造出对抗癌症的纳米机器人。美国国防部曾拨付 850 万美元资金，支持美国西北大学国际纳米技术研究所进行 4D 打印机的研究与开发，该设备将能够实现纳米尺度下的操作。

让我们期待 4D 打印在医药领域的进一步发展。

（2）4D 打印技术在生物领域中的负面影响。对于人体内的 4D 打印细胞或纳米机器人，如果监控不到位的话，很容易演变成被犯罪分子利用的生物武器原型。而可编辑材料所具有的自变形特性，让其相较于 3D 打印而言，被犯罪分子利用的风险性也更大。如针对枪支等违禁物品来说，3D 打印出来的直接是具体实物，相对容易被发现和控制；而 4D 打印物在打印之初，有可能是任何形态，只有在一定的环境和介质作用下，才会“变形”为预先设定的真实面目。可以说，让人防不胜防。研究人员借助 4D 打印的原理，利用 DNA 链造出了对抗癌症的纳米机器人。在这方面，双重用途同样带来切实的担忧。由于能够轻易获得必要的工具，一些人可以利用此类技术来制造新的生物武器。另外，许多围绕 3D 打印的担忧仍然存在，有些新技术成为犯罪分子利用的手段（已有人通过 3D 打印机制造出枪和手铐钥匙）。同时，4D 打印技术的出现，使制造商有更多途径来定制产品，从而进一步缩短了供应链，但这也将危及技术工种，并且产生产品质量问责的问题，知识产权问题也会越来越复杂。

### 3. 4D 打印技术在工业建筑领域中的应用及展望

据麻省理工学院自我组装实验室的科学家斯凯拉·蒂比茨和他的团队介绍，把 4D 打印技术应用于城市管道建设，是一个了不起的建筑技术飞跃，管道的自动调整、自动组装和自动修复功能可以降低管道铺设的难度和成本，还可以轻松应对地质灾害的发生，危险地区的工程将不再需要人的参与，人们只需在计算机上完成管道规划和技术嵌入，接下来的一切只需“打印”。

总之，无论是向前看科技发展的趋势，还是从当前挖掘科技价值、探索未来商业的方向来看，4D 打印技术都比 3D 打印技术更具前瞻性和颠覆性，它不仅是一种生产工具的革命，更是一种由生产资料改变而引发未来整个商业生态结构方式改变的技术，因而颠覆的将不只是制造技术。

# 参考文献

[1] 代尔夫特理工大学工业设计工程学院．设计方法与策略：代尔夫特设计指南 [M]. 倪裕伟，译．武汉：华中科技大学出版社，2014.

[2] 格里夫·波伊尔．设计项目管理 [M]. 邱松，邱红，编译．北京：清华大学出版社，2009.

[3] 罗建，全振权，金孝珍，等．设计要怎么策划：培养设计创新的执行力 [M]. 博硕文化，译．北京：电子工业出版社，2011.

[4] 程能林．工业设计概论 [M]. 第 3 版．北京：机械工业出版社，2011.

[5] 王受之．世界现代设计史 [M]. 第 2 版．北京：中国青年出版社，2015.